高等职业技术教育"十二五"规划教材

高等职业技术教育校企合作教材

模具结构优化及 CAE 应用

主　编　朱俊杰

副主编　刘军辉　王　晖

参　编　刘　毅　沈志军

主　审　梁　丰

U0340113

西南交通大学出版社

·成都·

内容提要

本书是关于 CAE（Moldflow）模流分析方面的专业书籍，全书主要包括注射成型工艺的成型原理、相关软件功能介绍、模流分析流程、网格划分与修复、浇口位置设计、浇注系统设计、冷却系统设计、流动分析、冷却分析、翘曲分析、工艺参数的调整及模具结构的分析和优化等内容。在讲解相关知识的同时，全书配合某款手机相关零件的分析实例，使读者更好地掌握 CAE 模流分析的使用方法和技巧。

本书以 Moldflow6.1 英文版为基础编写，同时也适用于 Moldflow5.1。本书结构清晰、内容丰富、实用性强，可供从事模具设计、注塑工艺的专业人员使用，也可作为高校材料成型及控制工程、模具设计与制造等专业的教材或教学参考书。

图书在版编目（ＣＩＰ）数据

模具结构优化及 CAE 应用 / 朱俊杰主编. —成都：
西南交通大学出版社，2014.6（2018.1 重印）
高等职业技术教育"十二五"规划教材
ISBN 978-7-5643-3076-7

Ⅰ. ①模… Ⅱ. ①朱… Ⅲ. ①模具－结构设计－高等
职业教育－教材 Ⅳ. ①TG76

中国版本图书馆 CIP 数据核字（2014）第 112689 号

高等职业技术教育"十二五"规划教材
模具结构优化及 CAE 应用
主编　朱俊杰

*

责任编辑　孟苏成
助理编辑　罗在伟
特邀编辑　李　伟
封面设计　墨创文化
西南交通大学出版社出版发行
四川省成都市二环路北一段 111 号　西南交通大学创新大厦 21 楼
（邮政编码：610031　发行部电话：028-87600564）
http://press.swjtu.edu.cn
四川煤田地质制图印刷厂印刷

*

成品尺寸：185 mm×260 mm　　印张：12
字数：298 千字
2014 年 6 月第 1 版　　2018 年 1 月第 2 次印刷
ISBN 978-7-5643-3076-7
定价：24.00 元

前　言

模具乃工业之母，是现代工业生产中重要的工艺装备，是衡量一个国家生产力发展水平的重要标志之一，已成为现代工业生产的重要手段和工艺发展方向。

随着塑料新材料和注塑成型技术的发展，塑料制品的应用范围已从日用品扩大到机械电子、汽车、航空等领域，因而对其成型质量也提出了更高的要求。传统的依靠经验和直觉来设计模具已不能满足生产要求，企业越来越多地利用注塑模流分析技术来辅助塑料模具设计，使得设计人员在模具设计过程中及早发现模具和成型过程中可能存在的问题，从而可以更加快速地做出设计方案，有效地缩短设计生产周期并降低生产成本。Moldflow 软件为模具结构优化、注塑成型设计及生产提供了高效的解决方法。

本书的编写结合常见实例，以实例的方式讲解如何利用 Moldflow 软件进行产品成型分析和设计方案优化的基本过程和方法，主要包括：模流分析基础知识、Moldflow6.1 软件操作介绍、网格划分与修复、浇口位置设计、流动分析、冷却分析、翘曲分析、模具结构优化及工艺参数的调整等几个方面。

本书共分为 6 章，第 1 章简述了注塑成型 CAE 技术的发展状况，并详细介绍了 Moldflow 模流分析的基础知识；第 2 章介绍了 Moldflow6.1 软件的分析模块、操作界面、操作指令和 Moldflow 模流分析流程；第 3 章以翻盖手机中的翻盖前壳为案例，介绍了 MPI（Moldflow Plastic Insight）软件中浇口位置的相关分析内容；第 4 章以翻盖手机中的翻盖后壳为案例，介绍了 MPI 软件中网格修复工具的使用，并详细介绍了手动创建浇注系统的方法和技巧；第 5 章以翻盖手机中的主机前壳为案例，详细讲述了模型冷却系统的创建思路和方法；第 6 章结合翻盖手机中的电池壳实例，介绍了如何利用 MPI 软件，通过调整注塑工艺参数的方法改善产品的质量缺陷，提高塑件的成型质量。

本书由朱俊杰（河源职业技术学院）任主编，刘军辉（河源职业技术学院）、王晖（河源职业技术学院）任副主编，梁丰（河源职业技术学院）任主审；参编人员还包括刘毅（广州金霸建材有限公司河源东源分公司）、沈志军（广州金霸建材有限公司河源东源分公司）。其中，朱俊杰编写第 1、2、4、6 章；刘军辉编写第 3 章；王晖编写第 5 章。为了方便读者学习，书中配有所有分析案例的源文件，有需要者请到西南交通大学出版社网站下载。

由于编者水平和经验有限，书中难免有欠妥之处，恳请读者批评指正。

编　者
2014 年 4 月

目　录

1　CAE模流分析基础

【内容提要】

本章简述了注射成型 CAE 技术的发展状况，并详细介绍了 Moldflow 模流分析的基础知识，主要包括：注射成型原理及其工艺特性、有限元理论、注射成型常用塑料及其性能特点、注塑件常见缺陷产生的原因及解决方法等基础知识,使读者能更好地掌握 Moldflow 模流分析的方法和技巧。

【知识目标】

（1）了解注塑成型 CAE 技术的发展状况。

（2）掌握注射成型原理及工艺特性。

（3）了解有限元理论知识。

（4）了解常用的注射成型材料。

（5）了解注塑件常见缺陷产生的原因及解决方法。

【学习重点】

Moldflow 模流分析所需的基本理论知识。

【知识建构】

1.1　注射成型 CAE 概述

注射成型 CAE 技术是根据塑料加工流变学和传热学的基本理论,建立塑料熔体在模具型腔中流动和传热的物理、数学模型，利用数值计算理论构造其求解方法，实现成型过程的仿真分析，使对注射成型过程的认识从宏观进入微观、从定性进入定量、从静态进入动态，利用计算机图形学技术在计算机屏幕上形象、直观地模拟出实际成型中熔体的动态填充、冷却等过程，定量地给出成型过程中的状态参数（如压力、温度、速度等）的计算机模拟过程。注射成型 CAE 技术可以在模具制造之前对塑料成型过程进行定量模拟,研究加工条件的变化规律，预测塑件设计、模具设计及成型条件对塑件结构和性能的影响，模拟成型缺陷的发生，为设计人员优化模具设计、控制制品成型过程、获得高质量的产品提供科学依据。

注射成型 CAE 技术已成为塑料产品开发、模具设计及成型加工中这些薄弱环节优化设计的最有效的途径。同传统的模具设计相比，近几年，塑料注射成型技术在汽车、家电、电子、通信、化工和日用品等领域得到了广泛应用，其相关模具及工艺技术已逐步成为模具行业CAD/CAE 技术研究的热点领域。

注射成型 CAE 软件的作用主要表现在以下几个方面：

（1）优化塑料制品设计。塑料的壁厚、浇口位置及数量、流道系统的设计等对塑料制品的质量等影响很大。以往全凭设计者的经验，用手工方法实现，费时费力；而现在利用 CAE 技术，可快速设计出最佳的制品。

（2）优化塑料模具设计。CAE 技术可以对型腔尺寸、浇口位置及数量、流道尺寸和冷却系统等进行优化设计。在计算机上模拟试模、修模和提高模具质量，以减少实际试模次数。

（3）优化注射工艺参数。CAE 技术可以对注射过程进行模拟，发现可能出现的成型缺陷，确定最佳的注射压力、锁模力、模具温度、熔体温度、注射时间和冷却时间等。

由此可见，注射成型 CAE 技术无论在提高生产效率、缩短模具设计制造周期和保证产品质量方面，还是在降低成本、减轻劳动强度方面，都具有很大的优越性和重大的技术经济意义。

1.1.1　注射成型 CAE 发展历程

早在 20 世纪 50 年代，美国学者就对聚合物过程（尤其是塑化挤出）的数值模拟建模做了一系列工作；同期，瑞士学者给出了有关挤出的重要模型。1959 年，E.C.Bernhardt 在书中总结了成型建模中的许多问题。Mckelevy 在书中首次成功地描述了一个统一的方法，即采用质量守恒以及相变换的原理描述问题。Klein 和 Marshall 出版了有关塑料成型的计算机模拟的第一本专著。Tadmor 和 Klein 在书中首次给出了塑化挤出的完整模型，包括固体输送、塑化和熔体输送等。对于注射成型 CAE 技术而言，德国亚琛工业大学 IKV 塑料工程研究所的Gilmore 和 Spencer 作为先驱，提出了圆管内保压的最大压力计算公式。

20 世纪 60 年代，Ballman 和 Pearon 等开始了简易 CAE 模型的开发，使得 IKV 的 Menges的实验研究备受注目。20 世纪 70 年代，人们便能利用程序分析塑料熔体在简单型腔内的流动情况。有关塑化挤出模拟软件 EXTRUD 已商品化，该软件很大程度上是基于 Tadmor 和Klein 书中所描述的模型。很多大学和企业的研究者都致力于注射、挤出和其他工艺的计算模型的研究。其中，Kamal 和 Keing 的差分模型、Tadmor 和 Broyer 的 FAN（Flow Analysis Network）方法成为目前 CAE 模拟技术的基础。70 年代中期，实现了流道系统和二维模型相接的流动分析，为开发实用模型奠定了基础。直到 1978 年，C.Austin 推出了首套用于注射成型填充阶段的模拟软件 Moldflow。

进入 20 世纪 80 年代后，有限元分析法、边界元法才真正在注射成型领域得到广泛应用。80 年代初期，人们成功地利用有限元法分析了三维型腔的流动过程，可以根据理论分析结果，结合自身经验，在模具试模之前，对产品设计进行评价，对模具设计方案进行修改。这样，不但减少了制模时间，还提高了模具质量。随着 C-MOLD 软件的问世及其他一些软件广泛用于注射成型过程，模具设计才成为依赖于计算机预测的工程科学，CAE 技术也从试验阶段进入实用阶段。其中，C-MOLD起源于1974年康奈尔大学Prof K.K.Wang领导的Cornell Injection Molding Program（CIMP）计划，该软件于1986年作为商业软件进行销售。80年代中期，我国也开始重视注塑模CAE技术，经过20余年的研究和开发，现有一些大学和研究院所已推出了一些实用的商品化软件。

20世纪90年代，人们已将研究重点置于材料的黏弹性、复杂三维模拟以及取向、残余应力和固化现象的研究。另外，计算方法在双螺杆挤出、热成型、薄膜吹塑、反应注射成型和气体辅助注射成型的工艺条件设定方面的应用，也成为研究热点。从90年代初到现在，CAE技术已实现了塑料制品的最终预测：以三维模型代替二维模型，以非线性分析代替线性分析；在同一模型下，完成了填充、保压、冷却、翘曲分析；引入了概率统计，优化方法，使设计加工的方法量化，从而简化了计算，使计算结果更加准确可靠。

为了对各种成型加工过程进行更精确的模拟，目前，各国学者都在研究新模型、新算法及新的成型模拟系统，并将模拟软件与制品设计、模具设计与制造紧密结合，开发一体化的集成技术，与CAD、CAM、CAPP、PDM、ERP技术及软件的渗透、协调能力加强，使计算机模拟技术呈现智能化、集成化的趋势。可以预见，注射成型CAE技术将被广泛采用，成为解决塑料成型加工和模具设计中各类问题的标准工具和手段。

到目前为止，成熟的商业注射成型CAE软件比较多，Moldflow公司的Moldflow软件和AC-Tech公司的C-MOLD软件（2002年2月，被Moldflow公司合并）是其中的优秀代表。

1.1.2 注射成型CAE技术研究进展及发展趋势

1. 注射成型CAE基本问题的研究进展

（1）注射级塑料熔体的黏度模型。

在聚合物加工中，非牛顿黏度是塑料熔体最重要的性质，即熔体的黏度会随剪切速率的变化而改变，黏度的变化率可达到10，甚至1 000。因此，对于注射成型加工过程的设计和计算来说，这样大幅度的黏度变化是不容忽视的。由于绝大多数塑料熔体属于非牛顿流体，表现出"剪切变稀"的特性，因此，分析计算时对牛顿流体加以推广，将牛顿黏滞定律加以修改，使黏度成为剪切速率的函数。其中，最具代表性的是Ostwald和de Waele的幂律模型、Carreau黏度模型、Cross黏度模型。幂律模型使用方便，计算简单，但其描述的流动范围有限，当剪切速率较低时，由幂律模型计算出的黏度值偏高。Carreau黏度公式是从经验的非线性黏弹性本构关系得到的材料函数，模型参数在曲线回归意义上是非线性的，在使用上不如幂律模型方便。Cross黏度模型则是目前在注射成型模拟中主要使用的模型。对于Cross模型，当剪切速率较低时，它退化为牛顿零剪切黏度；当剪切速率较高时，它转化为幂律模型；它适合于描述更宽范围的剪切速率变化，并且可以根据各自注射成型流动、保压的特点，分别利用Arrhenius方程和WLF方程建立五参数和七参数的黏度模型。

（2）注射成型过程的流动分析。

流动分析是所有注射成型 CAE 软件所具备的最基本功能，主要用于预测熔体进入型腔后的填充过程。通过流动模拟可以帮助设计师确定合理的浇口数量和布置，优化注射成型工艺参数，预测所需的注射压力和锁模力，发现可能出现的成型缺陷。由于塑料熔体的非牛顿特性和流动过程的非等温、非稳定性，需要从连续介质力学一般理论出发建立控制，并借助数值方法（有限元、有限差分、边界元）来求解。

对于熔体充模过程的模拟计算可追溯到 1960 年，Toor 等最先用数值方法计算了塑料熔体的充模过程。随后，许多研究者针对充模流动建立了许多流体力学模型，主要是针对塑料熔体在等直径圆管、中心浇口圆盘以及端部浇口的矩形型腔中等一维等温流动过程。20 世纪 70 年代中期，Kamal、Broyer、Hieber 和 Shen 等基于 Hele-Shaw 流动模型对二维薄壁制作的充模流动进行了详细的理论研究。研究方法主要有分支流动法和网格流动法。分支流动法以一维流动分析为基础，把三维制件从几何上分解成一系列由一维流动单元串联组成的流动路径，在分析过程中，通过迭代计算，在满足各流动路径的流量之和等于总的注射量的条件下，使各流动路径的压力降相等。这种方法计算时间短，但难以分析形状复杂的制件。网格流动法的基本思想是将整个型腔划分为网格，并形成对应于各节点压力为变量的控制方程，并且根据节点体积单元的填充状况更新流动前沿。

运动边界的确定是二维流动的另一难点，即熔体前峰位置的确定。目前，被普遍采用的是 1986 年所建立的有限元/有限差分混合法，这种方法沿用网格流动法的基本思想，采用三角形线性单元定义控制体积，利用控制体积法建立压力场求解的有限元方程，并对时间和沿厚度方向进行差分，建立温度场求解的能量差分方程。在计算时，假定入口点处于充满状态，计算过程保证每一个时间步长只有一个点被充满，而与之相连的空点成为新的前沿点，实现熔体前峰面的自动跟踪和更新，直到整个型腔被完全充满。

（3）注射成型过程中的保压分析。

塑料熔体冷却凝固后体积变化很大，因此，型腔充满后必须保持压力，使熔体继续进入型腔补偿因冷却所引起的收缩。保压阶段对于提高制品的密度、减少收缩和克服制品表面缺陷有重要的作用。保压模拟能够预测保压过程中型腔内的压力场、温度场、密度分布和剪切应力分布等，帮助设计人员确定合理的保压压力和保压时间等。

保压过程的分析始于 20 世纪 50 年代初，Spencer 和 Gilmore 提出了圆管内保压压力的经验计算公式；Kamal 和 Keing 对中心浇口的半圆盘型腔内的保压过程进行了计算，认为保压过程中流入型腔的熔体和充模时的型腔压力及型腔内的平均压力成正比，但没有考虑流体动力学因素。随后，Kamal 等基于 Hele-Shaw 流动模型采用等温幂律流体研究了矩形平板型腔的保压过程，并且认为密度随压力的变化呈线性关系。Chung 和 Ryan 在 Kamal 的研究基础上，考虑到压力对黏度的影响以及非等温效应对沿厚度方向密度分布的影响，采用有限差分法求解了不同初、边值问题的非线性方程。Hieber 同样基于 Hele-Shaw 流动模型，研究了薄壁制件的非等温保压过程，建立了塑料熔体非等温、可压缩非稳态流动的数学模型，在分析中采用了七参数 Cross 黏度模型和 Tait 经典状态方程对液-固界面上的密度不连续性进行了正

4

确处理，并利用有限元/有限差分混合法求解。Nguyen 和 Kamal 基于 Maxwell 黏弹性本构模型研究了二维制件的等温保压过程，并采用 Galerkin 有限元法进行了数值求解，除压力和速度分布外，得到了平面内的应力分布。

（4）注塑模冷却系统分析。

冷却过程在整个注射生产周期中几乎占 2/3 以上，因此，注塑模冷却系统的设计直接影响着注射生产效率和制件质量。完善的冷却系统设计既能显著减少冷却时间，还可以消除由于冷却不均匀所引起的翘曲变形和内部残余热应力。

热传导理论是注塑模冷却系统设计和分析的理论基础，综合冷却管道中的冷却介质传热、塑料熔体固体放热、模具与周围介质传热的三维瞬态热传导分析是最一般和严格的方法。Kamal 和 Laffleur 在总结结晶聚合物冷却分析理论的基础上，建立了结晶聚合物塑料熔体的热传导理论模拟。Barone 和 Caulk 首先采用边界元法对注塑模和压铸模传热系统进行了优化设计。Rezayat 和 Button 在对型腔表面和冷却管道作了特殊处理的基础上，采用三维边界元法实现了注塑模冷却过程的数值模拟。Himasekhar 等对各种计算方法的效率和精度进行了详细比较，提出了周期性平均（Cycle-average）理论分析方法。它的基本思路是将模具的传热过程看作三维周期性稳态热传导过程，把塑料熔体的传热过程看作是一维瞬态热传导过程，把冷却管道表面和冷却介质之间、模具表面和空气之间的热交换作为稳态处理，利用三维边界元法计算模具的温度场分布，而采用一维差分方法计算熔体的温度场分布。为了保证熔体和型腔表面之间温度场和热流矢量的匹配，必须耦合迭代计算两个温度场。

2. 注射成型 CAE 技术发展趋势

经过多年的发展，注射成型 CAE 技术从理论上和应用上都取得了长足的进步，未来在以下几个方面仍有待进一步完善和发展。

（1）注射成型 CAE 数学模型、数值算法逐步完善。

注射成型 CAE 技术的实用性，取决于数学模型的准确性及数值算法的精确性。目前的商品化模拟软件模型没有完全考虑物理量在厚度方向上的影响，为了进一步提高软件的分析精度和使用范围，必须进一步完善目前的数学模型和算法。目前，注射成型模拟软件各模块的开发是基于各自独立的数学模型，这些模型在很大程度上进行了简化，忽略了相互之间的影响。因此，必须有机地结合填充、流动、保压和冷却等分析模块，进行耦合分析，才能综合反映注射成型的真实情况。

（2）注射成型 CAE 与 CAD/CAM 的集成化。

大多数商用的 CAD/CAM 系统原本是作为通用机械设计平台来开发的，并不针对注射成型。CAE 软件与 CAD/CAM 软件之间的数据传递主要依靠文件的转换，这容易造成数据的丢失和错误。未来将开发注射成型专用的 CAD/CAM/CAE 系统，这些系统不仅将通用的 CAD/CAM 系统的功能进行了进一步扩充，以适应注射成型设计和制造的需要，还增加了流动、冷却分析，标准模架数据库，塑料材料数据库等一系列专用软件。

（3）智能化分析成型过程。

优化理论及算法，使 CAE 技术"主动"地优化设计。将人工智能技术，如专家系统和神经网络等加入设计计算中，使模拟程序能"智能"地选择注塑工艺参数，提供修正制品尺寸和冷却管道布置方案，减少人工对程序的干涉。

1.2 注射成型理论基础

塑料成型的方法有很多种，包括注射成型、压缩成型、压注成型、挤出成型等。其中，注射成型方法最为常用，其技术已经发展得相当成熟、可靠，它具有成型周期短，能一次成型外形复杂、尺寸精确、带有镶件的塑件制件；对成型各种塑料的适应性强；生产效率高，易于实现全自动化生产的一系列优点。因此，注射成型广泛用于塑料制件的生产中，其产品占目前塑料制件生产的 30%左右。

1.2.1 注射成型的特点及原理

注塑制品的加工过程主要是在注射机上完成的。注射成型的基本原理为：利用塑料的可挤压性和可模塑性，首先将松散的粒料或粉状成型物料从注射机的料斗送入高温的机筒内加热熔融塑化，使之成为黏流态熔体，然后在柱塞或螺杆的高压推动下，以很大的流速通过机筒前端的喷嘴注射进入温度较低的闭合模具中。经过一段时间保压、冷却定型后，开启模具便可从模腔中脱出具有一定形状和尺寸的塑料制品。注塑机和模具示意图如图 1.1 所示。

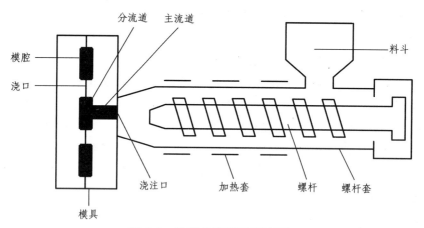

图 1.1 注塑机和模具示意图

1.2.2 注射成型工艺

注射成型工艺过程如图 1.2 所示。完整的注射成型生产过程主要分为预塑计量、注射充模和冷却定型 3 个过程。下面详细分析注射成型生产过程中的各个主要环节。

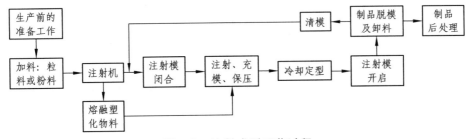

图 1.2　注射成型工艺过程

1. 预塑计量

预塑计量过程是高分子材料在料筒中进行塑化的过程,是把固体的粒料或粉料经过加热、压实、混合,从玻璃态转变为均化的黏流态。所谓"均化"是指聚合物在注塑机热熔管内由固态转为熔融状时,使熔体保证温度、黏度、密度、组成成分一致性的过程。

2. 注射充模

柱塞或螺杆从机筒内的计量位置开始,通过注射油缸和活塞施加高压,将塑化好的塑料熔体经过机筒前端的喷嘴和模具中的浇注系统快速地进入封闭模腔的过程称为注射充模。注射充模又可细分为流动充模、保压补缩两个阶段。

(1)流动充模。

流动充模指注射机将塑化好的熔体注射进入模腔的过程。在这个阶段模具闭合,熔体在压力的驱动下注入模腔。注射时间、熔体温度、流动速率是影响最终制品质量的重要因素。注射时间直接影响注射压力。注射时间短,熔体需要以较高的体积流率流入型腔,则注射压力就大。而当注射时间过长时,由于熔体在冷模壁的作用下温度降低,黏度增大,使流动阻力变大,则注射压力又变大。熔体温度对最终制品的质量特性也有重要的影响,熔体温度影响熔体的黏度,决定了熔体的流动阻力。温度越低,黏度越高,则熔体流动性越差,充模越困难;反之,温度升高会降低熔体的黏度,使充模容易。

(2)保压补缩。

保压补缩指从熔体充满模腔至柱塞或螺杆在机筒中开始后撤为止。其中,保压是指注射压力对模腔内的熔体继续进行压实的过程;而补缩则是指在保压过程中,注射机对模腔逐渐开始冷却的熔体因成型收缩而出现的空隙进行补料动作。当模腔被完全充满后,螺杆在原位置保持一定的时间,使得熔体继续充入型腔,在这个阶段,额外的熔体注入型腔以弥补冷却引起的收缩。随着冷却的进行,尺寸较小的浇口凝固,此时模具内的熔体仍然保持很高的压力,当熔体继续冷却和固化,压力逐渐降低。在冷却和固化阶段,型腔内的压力必须足够高,以避免冷却引起的缩痕,但过高的压力又会使熔体从型腔向外倒流。保压时间和保压压力是保压阶段两个重要的工艺参数。

3. 冷却定型

冷却定型是从浇口冻结时间开始,到制品脱模为止。在冷却阶段,制品固化。通常,

7

冷却阶段的模具温度、熔体温度、材料的热传导率决定了制品的冷却速率，从而会影响内部结晶，同时型腔内的温度分布不均会引起热残余应力。在冷却阶段，由于浇口凝固，型腔补料结束，型腔内部与外界没有了物质传递。但型腔内部熔体还没有完全固化，由于模具结构的差异和温度的差异，熔体在型腔内部的固化和收缩不同，仍然会存在少量熔体的流动。此时，型腔内部冷却效果在起决定性作用，熔体由壁面向型腔中心逐渐冷却固化，直到满足脱模要求。

1.2.3 注塑工艺参数

通常影响注射成型质量的因素很多，但在塑料材料、注射机和模具结构确定之后，注射成型工艺条件的选择与控制，便是决定成型质量的主要因素。一般来讲，注射成型具有三大工艺条件，即温度、压力和时间。与温度有关的条件有：机筒温度，模具温度，因背压及熔体在流道、浇口、型腔中在摩擦、剪切作用下产生的热量而引起的温升。与压力有关的条件有：注射压力、保压压力和塑化压力（又称为背压）。与时间有关的条件有：注射时间、注射速率、保压时间、冷却时间及材料塑化时间等。下面主要从注塑工艺角度理解一些关键的参数。

1. 温　度

注射成型时的温度条件主要指料温和模温。其中，料温影响塑化和注射充模；而模温同时影响充模与冷却定型。

（1）料温：指的是塑化物料的温度和喷嘴注射出的熔体温度。料温主要取决于机筒和喷嘴两部分的温度，影响物料的塑化和熔体的注射充模。注射温度的提高主要有利于改善熔体的流动性，它与制品的很多特性有关。升高熔体温度，可使塑件内应力、流线方向的冲击强度和挠曲度、拉伸强度等机械力学性能降低。而使垂直于流线方向的冲击强度、流动长度、表面粗糙度等性能有所改善，并可降低制品的后收缩。从总体上看，提高熔体温度有利于改善充模状况以及在模腔内的传递，降低取向性等，有利于制品综合性能的提高，但过高的温度也不可取。当熔体温度接近注塑温度范围的上限值时，一方面容易产生较多的气体，使塑件产生气泡、空洞、变色、烧焦等，也因过多地改善流动性而产生飞边，影响制品表观质量；另一方面，过高的温度会使塑料发生降解作用，使塑件强度降低、失去弹性等，影响塑件的使用性能。因此，料温必须很好地控制。

（2）模温：指的是和制品接触的模腔表面的温度，它直接影响熔体的充模流动行为、制品的冷却速度和成型后的制品性能。模温的设定主要取决于熔料的黏度。熔料黏度较低的可以采取低模温注射以缩短冷却时间，提高生产效率。熔料黏度较高的应采用高模温注射成型。一般来说，提高模温可以使制件的冷却速率均匀一致，防止凹痕和裂纹等成型缺陷的产生。结晶型塑料的模温控制直接决定了冷却速率，从而进一步决定结晶的速率。模温高时冷却速率小，结晶速率变大，有利于分子的松弛过程，分子取向效应小。模温太高，会延长成型周期和使产品发脆。模温低时冷却速率大，熔料的流动与结晶同步进行，由于熔料在结晶温度区间停留的时间缩短，不利于晶体的生长，造成产品的分子结晶程度较低，影响其使用性能。此外，模温过低，塑料熔体的流动阻力很大，流速变缓，甚至在充模中凝固，妨碍后续进料，使得制件短射，强迫取向大，常造成塑件缺料、凹陷、熔接缝等缺陷。因此，要保证制品的成型质量，必须有一个高低适宜的模温范围。

2. 压 力

注射成型时需要选择与控制的压力包括注射压力、保压压力和背压力。注射压力与注射速度相联系，对塑料熔体的流动和充模具有决定作用。保压压力与保压时间密切相关，主要影响模腔压力以及最终的成型质量。背压力的大小影响物料的塑化过程、塑化效果和塑化能力，并与螺杆转速有关。

（1）注射压力：指螺杆向前移动时，其头部对塑料熔体施加的压力。注射压力在注射成型过程中主要用来克服熔体在整个注射成型系统中的流动阻力，同时还对熔体起一定程度的压实作用。注射压力过低，在注射成型过程中因压力损失过大而导致模腔压力不足，熔体很难充满模腔；但压力过大，却有可能出现胀模、溢料、机器过载等不良现象。若忽略熔体流动阻力，注射压力可用如下公式表示：

$$p_i = \frac{4F}{\pi D^2} \approx \frac{F}{0.785 D^2}$$ （1-1）

式中　p_i——注射压力，Pa；

　　　F——注射机油缸压力，N；

　　　D——螺杆直径，m。

（2）保压压力：指在注射成型的保压补缩阶段，为了对模腔内的塑料熔体进行压实，以及为了维持向模腔内进行补料流动所需要的注射压力。保压压力直接影响制品的密度和收缩的大小，其大小取决于模具对熔体的静水压力，并与制品的形状、壁厚有关。保压压力也可以根据制品的质量要求通过试验确定。

（3）背压力：也称塑化压力，指螺杆在预塑成型物料时，其前端汇集的熔体对它产生的反压力。背压力对注射成型的影响主要体现在螺杆对物料的塑化效果及塑化能力方面。它的控制是通过调节注射油缸的回油节流阀来实现的。背压力太低，螺杆后退过快，流入炮筒前端的熔料密度很小（较松散），夹入空气较多。背压太高，螺杆后退过慢，预塑回料时间较长，会增加周期时间，导致生产效率下降。适当调节背压力可将熔料内的气体"挤出"，减少制品表面的气花、内部气泡，提高光泽均匀性。减慢螺杆后退速度，使炮筒内的熔料充分塑化，增加色粉、色母与熔料的混合均匀度，避免制品出现混色现象。

3. 时 间

注射机完成一次注射成型工艺过程所需要的时间叫作注射成型周期。它包含注射成型过程中所有的时间问题，直接关系到生产效率的高低。注射成型周期的时间组成如图 1.3 所示，卜面主要阐述成型周期中最重要的注射时间和冷却时间。

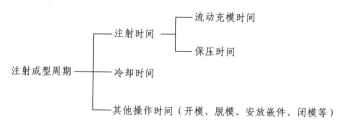

图 1.3　注射成型周期的时间组成

（1）注射时间：指注射活塞在注射油缸内开始向前运动至保压补缩（活塞后退）为止所经历的全部时间。它的长短与塑料的流动性能、制品的几何形状和尺寸大小、模具浇注系统的形式、注射方式和其他一些工艺条件等许多因素有关。注射时间可由以下公式估算：

$$t_i = \frac{V}{nq_{GV}} \tag{1-2}$$

$$q_{GV} = \frac{1}{6}\gamma bh^2 \tag{1-3}$$

式中　t_i——注射时间，s；

V——制品体积，m³；

n——模具中的浇口数目；

q_{GV}——熔体通过浇口时的体积流量，m³/s；

γ——熔体经过浇口时的剪切速率，s⁻¹；

b——浇口截面宽度，m；

h——浇口截面高度，m。

（2）冷却时间：指注射结束到开启模具这一阶段所经历的时间。它的长短受模腔中的熔体温度、模具温度、脱模温度和制品厚度等因素的影响。确定闭模冷却时间终点的原则为：制品脱模时应该具有一定的刚度，不得因温度过高而发生翘曲和变形。在保证此原则的条件下，冷却时间应尽量短一些；否则，不仅会延长成型周期、降低生产效率，而且对复杂制件会造成脱模困难。通常，制件最短的冷却时间可按下式估算：

$$t_{c,min} = \frac{h_z^2}{2\pi\alpha}\ln\left[\frac{\pi}{4}\left(\frac{\theta_R - \theta_M}{\theta_H - \theta_M}\right)\right] \tag{1-4}$$

式中　$t_{c,min}$——最短冷却时间，s；

h_z——制品的最大厚度，m；

α——塑料的热扩散率，m²/s；

θ_R——熔体充模温度，℃；

θ_M——模具温度，℃；

θ_H——制品的脱模温度。

1.3 有限元理论知识

Moldflow模流分析技术的基本思想是工程领域中常用的有限元法。有限元法的应用从最初的离散性系统发展到进入连续介质力学之中，其广泛应用于工程结构强度、热传导、电磁场、流体力学等领域。经过多年的发展，现代的有限元法还可以用来求解所有的连续介质和场问题，包括静力问题和与时间有关的变化问题以及振动问题。

有限元法是利用假想的线或面将连续的介质的内部和边界分割成有限大小的、有限数量的、离散的单元来研究，这样，就把原来一个连续的整体简化成有限个单元的体系，从而得到真实结构的近似模型，最终的计算就是在这个离散化的模型上进行，其网格模型如图 1.4 所示。

图 1.4 有限元网格模型

1.3.1 有限元法的基本思想

将一个连续系统（包括杆单元、连续体、连续介质）离散化即分割成彼此用节点互相联系的有限的单元，如图 1.5 所示。

有限元法的实质是把具有无限个自由度的连续系统理想化为只有有限个自由度的单元集合体，使问题转化为适合于数值求解的结构性问题。有限元法的基本求解步骤如下：

（1）将连续系统离散成有限个自由度的单元集合体；

（2）确定单元集合体的场量分布；

（3）构建单元集合体内节点的未知量与载荷间的平衡方程；

（4）求出以节点为基本未知量的基本方程组；

（5）解方程组，求出各节点的未知量。

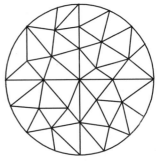

图 1.5 离散化的连续系统

1.3.2 有限元法的特点

1. 原理清晰，概念明确

有限元法的原理清晰，概念明确。用户可以在不同的水平上建立起对该方法的理解，并且根据个人的实际情况来安排学习的计划和进度,既可以通过直观的物理意义来学习和使用,也可以从严格的力学概念和数学根据推导。

2. 应用范围广，适应性强

有限元法可以用来求解工程中许多复杂的问题，特别是采用其他数值计算方法求解困难的问题，如复杂结构形状问题，复杂边界条件问题，非均质、非线性材料问题，动力学问题，黏弹性流体流动问题等。目前，有限元法在理论和应用上还在不断发展，今后将更加完美，使用范围也会更加广泛。

3. 有利于计算机应用

有限元法采用矩阵形式表达，便于编制计算机程序，从而可以充分利用高性能计算机的计算优势。由于有限元法计算过程的规范化，目前在国内外有许多通用程序可以直接使用，非常方便。

1.4　注射成型材料

1.4.1　塑料的基础知识

塑料一般由树脂和添加剂组成。其中，树脂在塑料中起决定性作用；根据塑料产品的不同用途和对塑料性能的不同要求，有选择地添加不同的添加剂，以获得一定性能的塑料。

1. 塑料的定义

塑料又可叫作高分子聚合物，也有人称之为塑胶或树脂胶料。它是由许多分子构成的有机化合物，添加一些添加剂之后，通过加热、挤压、填充等过程，使原本颗粒状态的固态变成有流动性的状态，最后又成为固态状态。

2. 塑料的组成

（1）树脂。

树脂是塑料中主要的、必不可少的成分。它决定了塑料的类型，影响着塑料的基本性能，如力学性能、物理性能、化学性能和电气性能等。它胶黏着塑料中的其他成分，使塑料具有塑性或流动性，从而具有成型性能。简单组分的塑料，树脂含量为 90%～100%；复杂组分的塑料，树脂含量常为 40%～60%。

树脂有天然树脂和合成树脂两种。天然树脂有从树木中分泌出来的脂物，如松香；有热带昆虫的分泌物，如虫胶；有从石油中得到的物质，如沥青。合成树脂是用人工合成的方法制成的树脂，如环氧树脂、聚乙烯、聚氯乙烯、酚醛树脂、氨基树脂等。因为天然树脂产量有限，性能较差等原因，远远不能满足目前工业生产的需要，所以在生产中，一般都采用合成树脂。不论是天然树脂还是合成树脂，均属于高分子化合物，称为高聚物（聚合物）。

（2）填充剂。

填充剂是塑料中重要但并非是每一种塑料都必不可少的成分。填充剂在塑料中的作用有两种情况：一种是为了减少树脂含量，降低塑料成本，在树脂中掺入一些廉价的填充剂（如碳酸钙），此时填充剂起增量作用；另一种是既起增量作用又起改性作用，即填充剂不仅使塑料成本大为降低，而且使塑料性能得到显著改善，扩大了塑料的应用范围。

在许多情况下，填充剂起的作用是相当大的，如聚乙烯、聚氯乙烯等树脂中加入钙质填料后，便成为十分廉价的具有足够刚性和耐热性的钙塑料；玻璃纤维作塑料的填充剂，能使塑料的力学性能大幅度提高；石棉作塑料的填充剂，可提高其耐热性；有的填充剂还可以使塑料具有树脂所没有的性能，如导电性、导磁性、导热性等。

填充剂有无机填充剂和有机填充剂两种，其形状有粉状、纤维状和层（片）状。粉状填充剂有木粉、纸浆、大理石粉、滑石粉、云母粉、石棉粉和石墨等；纤维状填充剂有纸张、棉布、麻布和玻璃布等。

填充剂与其他成分机械混合，它们之间不起化学作用，但具有与树脂牢固胶结的能力。

常用的塑料填充剂及其作用如表1.1所示。

表 1.1　常用的塑料填充剂及其作用

序　号	填料名称	作　　用
1	碳酸钙（$CaCO_3$）	用于聚氯乙烯、聚烯烃等。提高制件耐热性、硬度；塑件稳定性好；降低收缩率、降低成本。因遇酸易分解，不宜用于耐酸制件
2	黏土（Al_2O_3） 高岭土 滑石粉 石棉 云母	用于聚氯乙烯、聚烯烃等。改善加工性能，降低收缩率，提高制件的耐热、耐燃、耐水性及降低成本；提高制件刚性、尺寸稳定性以及使制件具有某些特性（如滑石粉可降低摩擦系数，云母可提高介电性能）
3	炭黑（C）	用于聚氯乙烯、聚烯烃等。提高制件导热、导电性能，也作着色剂、光屏蔽剂
4	二氧化硅（白炭黑）	用于聚氯乙烯、聚烯烃、不饱和聚酯、环氧树脂等。提高制件介电性、冲击性能；可调节树脂的流动性
5	硫酸钙 亚硫酸钙	用于聚氯乙烯、丙烯酸类树脂等。降低成本、提高制件尺寸的稳定性、耐磨性
6	金属粉（铜、铝、锌等）	用于各种热塑性工程塑料、环氧树脂等。提高塑料的导电、传热、耐热等性能
7	二硫化钼 石墨（C）	用于尼龙浇铸制件等。提高表面硬度，降低摩擦系数、热膨胀系数，提高耐磨性
8	聚四氟乙烯粉（或纤维）	用于聚氯乙烯、聚烯烃及各种热塑性工程塑料。提高制件的耐磨性、润滑性
9	玻璃纤维	提高制件的机械强度
10	木粉	用于酚醛树脂及聚氯乙烯等。塑件电性能优异，抗冲击性好，但色调、耐水性及耐热性差

（3）增塑剂。

为了增加塑料的塑性、流动性和韧性，改善成型性能，降低刚性和脆性，对于可塑性小、柔软性差的树脂，如硝酸纤维、醋酸纤维、聚氯乙烯等加入增塑剂是很有必要的。

一般来说，增塑剂为高沸点液态或低熔点固态的有机化合物，其要求是：能与树脂很好地混溶而不起化学反应；不易从制件中析出及挥发；不降低制件的主要性能；无毒、无害、无色、不燃、成本低等。一般需多种增塑剂混合才能满足多种性能要求。常用的增塑剂有樟脑、邻苯二甲酸二丁酯、邻苯二甲酸二辛酯等。

当然，同时需要了解的是，增塑剂有使塑料的工艺性能得到改善的一面，又有使树脂的某些性能如硬度、拉伸强度等降低的一面。

（4）着色剂。

着色剂主要是起装饰美观的作用，同时还能提高塑料的光稳定性、热稳定性。

着色剂包括颜料和染料。颜料分为无机颜料和有机颜料。无机颜料是不溶性的固态有色物质，如钛白粉、铬黄、镉红、群青等，它在塑料中分散为微粒，起表面遮盖作用而着色。与染料相比，其着色能力、透明性和鲜艳性较差，但耐光性、耐热性和化学稳定性较好。有机颜料的特性介于染料和无机颜料之间，如联苯胺黄、酞青蓝等。在塑料工艺中颜料应用较多。染料可溶于水、油和树脂，有强烈的着色能力，且色泽鲜艳，但耐火、耐热性和化学稳定性较差，如分散红、士林黄、士林蓝等。

（5）润滑剂。

润滑剂的主要作用是防止塑料在成型过程中发生黏模，同时还能改善塑料的流动性以及提高塑料表面的光泽程度。常用的润滑剂有硬脂酸、石蜡和金属皂类等。常用的热塑性塑料，如聚乙烯、聚丙烯、聚氯乙烯、聚苯乙烯、聚酰胺和 ABS 等往往都要加入润滑剂。

（6）稳定剂。

稳定剂的作用是抑制和防止树脂在加工过程或使用过程中受热而降解。所谓降解是聚合物在热、力、氧、水、光、射线等作用下，大分子断链或化学结构发生有害变化的反应。

稳定剂的种类主要有 3 种：

① 热稳定剂。热稳定剂主要用于聚氯乙烯及其共聚物等，其作用是中和分解出来的盐酸（HCl），以防止大分子链进一步发生断链。常用的热稳定剂主要有金属盐类或皂类、有机锡类、环氧化油和酯类。

② 光稳定剂。光稳定剂是可以抑制光老化过程的物质，可以防止地面紫外线断裂大分子链，避免发生光分解作用。常用的光稳定剂主要有紫外线吸收剂、光屏蔽剂、淬灭剂和自由基捕获剂。

③ 抗氧剂。抗氧剂能够防止塑料氧化降解，消除老化反应中生成的过氧化物的自由基，终止氧化的连锁反应。常用的抗氧化剂主要有酚类、胺类、硫化物和亚磷酸酯等。

1.4.2 塑料的分类及工艺特性

根据塑料的相关材料构成，塑料与其他材料相比较有如下特性：

（1）质量轻且坚固。

一般塑料密度只有钢的 1/8 ~ 1/4，铝的 1/2；碳纤维和硼纤维增强塑料可用于制造人造卫星、火箭、导弹上的高强度、刚度好的结构零件。

（2）耐化学腐蚀。

塑料对酸、碱、盐、气体和蒸汽具有良好的抗腐蚀作用。特别是号称塑料王的聚四氟乙烯，除了熔融的碱金属外，其他化学药品，包括能溶解黄金的沸腾王水都不能腐蚀它。

（3）大部分为良好的绝缘体。

由于塑料优良的电绝缘性和耐电弧性，使其广泛用于电子电器工业，作结构零件和绝缘材料；同时塑料良好的绝热、保温、隔声、吸声性能，使其广泛用于需要绝热和隔声的各种产品中。

（4）具有光泽、部分透明或半透明。

部分塑料具有透明特性，其光折度高，能够作为透明件进行加工使用。

（5）用途广泛、效用多、容易着色、部分耐高温。

塑料还具有润滑、减振等性能，广泛应用于工农业生产、日常生活、国防和科技领域。

（6）加工容易，可大量生产，价格便宜。

塑料的加工性能良好，可用多种方法加工成型。其有良好的可塑性、可挤压性、可纺丝性，可以进行注塑、挤压、吹塑、压塑等加工。

塑料的优缺点分析如表 1.2 所示。

表 1.2　塑料的优缺点分析

优　点	缺　点
① 大部分塑料的抗腐蚀能力强，不与酸、碱反应； ② 塑料制造成本低； ③ 耐用、防水、质轻； ④ 容易被塑制成不同形状； ⑤ 是良好的绝缘体； ⑥ 可以用于制备燃料油和燃料气，可以降低原油消耗	① 回收利用废弃塑料时，分类十分困难，而且经济上不合算； ② 容易燃烧，燃烧时产生有毒气体； ③ 塑料是由石油炼制的产品制成的，石油资源有限

1. 塑料的分类

塑料的种类繁多，有 300 多种，常用的塑料也有几十种，而且每一种又有多种牌号，为了便于识别和使用，需要对塑料进行分类。

（1）按塑料的使用特性分为通用塑料、工程塑料和功能塑料。

① 通用塑料：一般是指产量大、用途广、成型性好、价格便宜的塑料，主要有聚乙

烯、聚丙烯、聚氯乙烯、聚苯乙烯、酚醛塑料、氨基塑料六大品种，约占塑料总产量的75%以上。

② 工程塑料：与通用塑料相比，产量小、价格较高，但具有优异的力学性能、电性能、化学性能、耐磨性、耐热性、耐腐蚀性、自润滑性及尺寸稳定性，即可代替一些金属材料用于制造结构零部件的一种塑料。

③ 功能塑料：是指用于特种环境中，具有某一方面特殊性能的塑料。主要有医用塑料、光敏塑料、导磁塑料等。这类塑料产量小、价格高、性能优异。

（2）按塑料受热后呈现的基本特性分热塑性塑料和热固性塑料。

① 热固性塑料包括尿素树脂、环氧树脂等，其特点是不可以回收再次利用，注塑模具很少用这种材料。

② 热塑性塑料包括 PVC 料、ABS 料、POM 料、PMMA 料、PC 料、PS 料等，其特点是可以回收再次利用，注塑模具一般都用这种材料。

2. 热塑性塑料的加工工艺性能

热塑性塑料具有独特的成型性能，根据塑料具有的可挤压性、可模塑性、可延展性，就可以通过各种成型加工方法来生产各种塑料制品，使用最广泛、最普遍的就是注塑成型加工。热塑性塑料加工成型的工艺性能如下：

（1）塑料的流动性与工艺性能。

塑料的流动是塑料加工成型的一个重要过程，所以，其工艺性能十分重要。塑料在一定温度与压力下，填充模具型腔的能力称为流动性。

影响流动性的因素如下：

① 流动性与塑料原料的分子结构有关，不同的塑料有不同的流动性，要通过综合考虑来设置加工成型参数。

② 流动性与塑料模具的结构有关，对模具的型腔设计，模具的进浇口大小、位置、方向，冷却方式，排气等有直接的影响。

③ 流动性与注塑成型的加工条件有关，如温度、压力、速度、黏度、时间等，需要通过综合考虑来设置适当的加工成型参数。

（2）塑料的结晶性能与工艺性能。

在塑料加工成型过程中，塑料熔体冷却产生结晶现象的称为结晶型塑料，否则称为非结晶型塑料。可以根据塑料制品所呈现的透明度来判断结晶型塑料和非结晶型塑料。结晶型塑料为不透明或半透明的，如聚甲醛等；非结晶型塑料为透明的，如有机玻璃等。也有个别例外的，如 ABS 胶料。

对于结晶型塑料，在模具型腔设计、选择注塑机及进行注塑成型加工时，具体要求如下：

① 塑料温度上升到成型温度时所需的热量较多，选择注塑机时要用塑化能力较强的机型。

② 制品冷却时放出的热量较多，要有充分的冷却系统。

③ 熔融塑料的熔态与玻璃态比重比较大，成型后收缩得也比较大，容易产生缩孔、气孔等缺陷。

④ 对于结晶型材料，要按其特性设置参数，结晶型塑料的结晶度与塑料制品的壁厚有关，结晶度低、冷却快、收缩小则透明度高；结晶度高、冷却慢、收缩大则透明度低。

⑤ 在注塑成型过程中，塑料的取向差异显著，内应力大，脱模后未结晶的分子有继续结晶的倾向，处于能量不平衡状态，容易发生变形、翘曲等缺陷。

⑥ 结晶型塑料熔点范围窄，容易发生熔粉，出现无法注入模具或堵塞进料口的现象。

（3）塑料的收缩性能与工艺性能。

塑料制品的收缩性能是指产品从模具中取出后，冷却到室温所发生的尺寸收缩。塑料制品产生收缩不仅与树脂本身的热胀冷缩性能有关，还与加工成型时的各种参数有关。所以，加工成型后，塑料制品的收缩应为成型收缩。图1.6为模具与产品的尺寸比较图，其中：

$$S = [(D_1 - D)/D_1] \times 100\% \tag{1-5}$$

式中 D——室温下塑件的尺寸；

$\quad D_1$ ——成型时塑件的尺寸；

$\quad S$ ——收缩率。

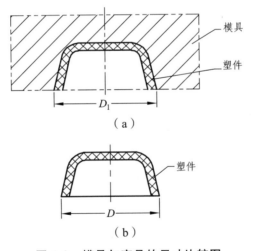

（a）

（b）

图1.6 模具与产品的尺寸比较图

根据式（1-5），模具设计尺寸为成型时塑件的尺寸 D_1，而

$$D_1 = D/(1-S)$$

即 $\qquad\qquad D_1 = D(1+S)/(1-S^2)$

因为塑料的收缩率一般远远小于1，S^2 很小，所以 $(1-S^2) \approx 1$，可以近似推出

$$D_1 = D(1+S) \tag{1-6}$$

式（1-6）称为模具尺寸计算公式，可以作为我们日常注塑模具设计中，考虑塑料收缩性能后的型腔尺寸参考公式。

相关要点说明如下：

① 由于塑料本身的相关特性，不同的塑料具有不同的收缩率。

② 根据塑料加工成型制品的形状和结构，通常厚壁与薄壁制品的收缩率不同，内径和外径的收缩率也不同。

③ 塑料加工成型时的流动方向对收缩率也有影响，在模具型腔设计的过程中，要注意平行于流向的尺寸与垂直于流向的尺寸由于收缩率不同而不同，平行流向的收缩率大于垂直流向的收缩率。

④ 塑料加工成型时的工艺参数设置，胶料的温度、冷却时间、压力和速度等参数的设置都与制品的收缩率有关。通常情况下，温度高、压力小、冷却慢的制品收缩率大。

（4）塑料的热敏性能与工艺性能。

塑料的热敏性能是指塑料对热的敏感性，在高温下受热时间较长或者模具进料口截面过小时，由于大的剪切力，随着温度的增高，塑料容易发生变色、降聚或分解，这种特性塑料叫作热敏性塑料。热敏性塑料在分解时，可产生气体、固体等副产物，特别是个别塑料分解出来的气体具有刺激性气味和毒性，对人体有害，对设备和模具有腐蚀作用。因此，在对热敏性塑料进行加工时，必须严格控制加工成型的温度，在原料中还要加入一定的稳定剂，以减弱热敏性。在进行模具型腔、浇道、浇口设计时，针对热敏性塑料，要专门进行设计。

（5）塑料的水敏性能与工艺性能。

塑料的水敏性能是指塑料在常温下含有水分，在高温或高压下会发生分解的性能。在使用各种不同的塑料进行加工时，要注意含有水分的情况，要对加工设备进行检验，以达到工艺标准。例如，塑料聚碳酸酯在加工成型时，必须用烘箱进行干燥，排除自身水分后立即进入注塑机料斗，以防止原料在这些过程中发生水敏现象，影响制品的质量。

（6）塑料的应力敏感性能与工艺性能。

塑料的应力敏感性能是指塑料在加工成型时，容易产生内应力集中而引起质脆开裂的现象。因此，在塑料加工成型过程中，要对塑料的原料进行处理，尤其是对掺入的翻新料、水口料的比例要进行测定，加料前进行干燥处理，要合理地制订工艺技术参数，如温度、压力、速度、时间等。也可在原料中加入附加剂以提高抗裂性、减小内应力和增加延展性。在模具设计时，应当增大脱模斜度，选用合理的进浇口尺寸及推出机构。

1.4.3 常用塑料及主要性质

1. 聚乙烯（PE）

（1）化学与物理性质。

PE 是塑料工业中产量最大的塑料，按聚合时采用的压力不同可分为高压 PE、中压 PE、低压 PE 3 种。

PE 无毒、无味、呈乳白色，密度为 $0.91 \sim 0.96 \ g/cm^3$，有一定的力学强度，但和其他塑料相比力学强度较低，表面硬度差。PE 的绝缘性能优异，有高度的耐水性；透水气性能较差，在热、光的作用下会产生老化及变脆。

（2）主要用途。

低压 PE 可用于制造塑料管、塑料板、塑料绳以及承载不高的零件，如齿轮、轴承等。高压 PE 常用于制作塑料薄膜、软管及电气工业的纸张零件和电缆等。

（3）成型特点。

PE 成型时，收缩差异较大，易产生变形；冷却速度慢，冷却速度要均匀；质软易脱模；保压压力可以等于或小于注射压力。保压时间由制品的厚度和流道的截面面积来决定，一般为 $10 \sim 40 \ s$。

2．聚丙烯（PP）

（1）化学与物理性质。

PP 无色、无味、无毒，外观上像 PE，但比 PE 更透明、更轻，密度为 $0.90 \sim 0.91 \ g/cm^3$，不吸水、光泽好、易着色，屈服强度、抗拉强度、抗压强度、硬度都比 PE 好，定向拉伸后 PP 可制作铰链，有特别高的抗弯曲疲劳强度，故又称"百折胶"。PP 的高频绝缘性能好，在光、热作用下容易老化。

（2）主要用途。

PP 可用作各种机械零件，如法兰、接头、汽车零件、各种绝缘零件，也可以用于医疗工业中。

（3）成型特点。

成型收缩率范围大，易发生缩孔、凹痕及变形；PP 热容量大，注射成型模具必须设计能充分进行冷却的冷却回路；成型的适宜模温在 80 ℃左右，温度不低于 50 ℃，温度过高会产生翘曲现象。

3．聚苯乙烯（PS）

（1）化学与物理性质。

PS 无色透明，能自由着色，相对密度也仅次于 PP、PE。PS 具有优异的电性能，特别是高频特性好，次于 PPO。另外，在光稳定性方面仅次于甲基丙烯酸树脂，但抗放射线能力是所有塑料中最强的。PS 最重要的特点是熔融时的热稳定性和流动性非常好，所以易成型加工，特别是注射成型容易，适合大量生产。PS 成型收缩率小，成型品尺寸稳定性也好。

PS 的分子量过高，加工困难，通常 PS 的分子量为 5 万 ~ 20 万。随着温度的升高，刚性、弹性模量、抗拉强度、冲击强度等下降，而断裂伸长率较大。PS 的透明性好，透光率达 88% ~ 92%，仅次于丙烯酸类聚合物，折射率为 $1.59 \sim 1.60$，故可用作光学零件，但它受阳光作用后，易出现发黄和混浊。PS 的主要缺点是性脆和耐热性低。

（2）主要用途。

PS 广泛应用于光学仪器、化工部门及日用品方面，用来制作茶盘、糖缸、皂盒、烟盒、学生尺、梳子等。由于 PS 具有一定的透气性，当制成薄膜制品时，又可作良好的食品包装材料。

（3）成型特点。

无定形料，吸湿小，不需充分干燥，不易分解，但热膨胀系数大，易产生内应力。流动性较好，可用螺杆或柱塞式注射机成型。吸水性极小，成型前可不干燥。模温 30～60 ℃，料温 140～200 ℃；性脆易裂，热膨胀系数大，易产生内应力；流动性较好，应注意模具间隙，防止缩孔、飞边；宜采用高料温、高模温、低注射压力，延长注射时间有利于降低内应力，防止缩孔、变形，但料温过高，容易出现银丝，料温低或脱模剂多则透明性差；可采用各种形式的浇口，脱模斜度宜大，顶出力均匀，以防开裂；塑件壁厚均匀，最好不带嵌件，各面应圆弧连接，不宜有缺口、尖角。

4．丙烯腈-丁二烯-苯乙烯共聚物（ABS）

（1）化学与物理性质。

ABS 无毒、无味，外观呈象牙色半透明，或透明颗粒或粉状，密度为 1.05～1.18 g/cm^3，收缩率为 0.4%～0.9%，弹性模量值为 0.2 GPa，泊松比值为 0.394，吸湿性<1%，熔融温度为 217～237 ℃，热分解温度>250 ℃。ABS 有优良的力学性能，其冲击强度极好，可以在极低的温度下使用；ABS 的耐磨性优良，尺寸稳定性好，又具有耐油性，可用于中等载荷和转速下的轴承。ABS 的耐蠕变性比 PS 和 PC 大，但比 PA 和 POM 小。ABS 的弯曲强度和压缩强度属塑料中较差的。ABS 的力学性能受温度的影响较大。ABS 的热变形温度为 93～118 ℃，制品经退火处理后还可提高 10 ℃ 左右。ABS 在 −40 ℃ 时仍能表现出一定的韧性，可在 −40～100 ℃ 的温度下使用。

根据 ABS 中 3 种组分之间的比例不同，其性能也有差异，从而可适应各种不同的应用。

（2）主要用途。

ABS 在机械工业上用来制造齿轮、泵叶轮、轴承、把手、管道、电机外壳、仪表壳、仪表盘等。汽车工业可用 ABS 制作汽车挡泥板、扶手等。

（3）成型特点。

ABS 在升温时黏度增高，所以成型压力较大，塑料上的脱模斜度宜稍大。ABS 易吸水，成型加工前应进行干燥处理；易产生熔接线，模具设计时应该注意尽量减少浇注系统对料流的阻力；要求塑件精度高时，模具温度可控制在 50～60 ℃，要求塑件光泽和耐热时，应该控制在 60～80 ℃。

5．聚碳酸酯（PC）

（1）化学与物理性质。

PC 是一种性能优良的热塑性工程塑料，密度为 1.20 g/cm^3，本色微黄，而加点淡蓝色后，得到无色透明塑件，可见光的透光率接近 90%；PC 韧而刚，抗冲击性能高，抗蠕变、耐热、耐磨。PC 吸水率低，能在较宽的温度范围内保持较好的电性能。PC 最大的缺点是塑件易开裂，耐疲劳强度较差，且熔体流动性也较差，需要较大的成型压力。

（2）主要用途。

在机械方面，主要用作各种齿轮、蜗轮、齿条、轴承、螺母、泵叶轮、各种外壳、容器；在电气方面，主要用作电机零件、电话交换器零件、继电器、拨号盘、仪表盘等。

（3）成型特点。

加工前必须干燥处理，否则易出现银丝、气泡现象；PC 熔融温度较高，黏度大，流动性差，所以成型需要较高的温度和压力，且黏度对温度比较敏感，所以一般用提高温度的方法来增加熔体的流动性。

6. 聚甲醛（POM）

（1）化学与物理性质。

POM 又称"赛钢料"，是一种没有侧链、结晶度高的线性聚合物，浅色，不透明颗粒；易燃烧，易着色，有良好的耐油、耐过氧化物性质，但不耐酸。

POM 有较高的机械强度及抗拉、抗压性能和突出的耐疲劳强度，特别适用于作长时间反复承受外力的齿轮材料。POM 尺寸稳定、吸水率小，具有优良的减摩、耐磨性能，能耐扭变，有突出的回弹能力，可用于制造塑料弹簧制品；耐醛、酯，但不耐酸；成型收缩率大，在成型温度下的热稳定性较差。

（2）主要用途。

POM 特别适合于作轴承、辊子、齿轮等耐磨及传动零件，还可用于汽车仪表板、汽化器、箱体、化工容器、输油管等。

（3）成型特点。

POM 成型收缩率大，熔体黏度低，黏度随温度变化不大，在熔点上下 POM 的熔融或凝固十分迅速，所以注射速度要快，注射压力不宜过高；热稳定性差，加工范围窄，所以要严格要求控制成型温度，以免引起温度过高或在允许温度下长时间受热而引起分解；冷却凝固时排除热量多，模具上应设计均匀冷却的冷却回路。

7. 聚甲基丙烯酸甲酯（PMMA）

（1）化学与物理性质。

PMMA 俗称有机玻璃，有极好的透光性能，可透过 92%以上的太阳光，透过紫外线达 73.5%；机械强度较高，有一定的耐热、耐寒性，耐腐蚀，绝缘性能良好，尺寸稳定，易于成型，质地较脆，易溶于有机溶剂，表面硬度不够，容易擦毛，在里面加入一些添加剂可以对其性能有所提高，如耐热、耐摩擦等。

（2）主要用途。

PMMA 具有以上优良性能，使得它的用途极为广泛。除了在飞机上用作座舱盖、风挡和弦窗外，也可用作汽车的风挡和车窗、大型建筑的天窗（可以防破碎）、电视和雷达的屏幕、仪器和设备的防护罩、电信仪表的外壳、望远镜和照相机上的光学镜片，在医学上，可以制作人工角膜。

（3）成型特点。

为了防止塑件产生气泡、混浊、银丝等缺陷，影响塑件质量，原料在成型前要很好地干燥；为了防止塑件表面出现流动痕迹、熔接线和气泡等不良现象，一般采用尽可能低的注射速度；模具浇注系统对料流的阻力应尽可能小，并应有足够的脱模斜度。

1.4.4 常用塑料的识别

对于日常使用的塑料，由于塑料自身相关性能及成分的差异，可以通过一些较为明显的特征及简单操作加以区分与鉴别，相关识别的方法如表 1.3 和表 1.4 所示。

表 1.3　常用塑料识别办法

名　称	英　文	燃烧情况	燃烧火焰状态	离火后的情况	气　味
聚丙烯	PP	容易	熔融滴落，上黄下蓝	烟少，继续燃烧	石油味
聚乙烯	PE	容易	熔融滴落，上黄下蓝	继续燃烧	石蜡燃烧气味
聚氯乙烯	PVC	难，软化	上黄下绿，有烟	离火熄灭	刺激性酸味
聚甲醛	POM	容易	熔融滴落，上黄下蓝，无烟	继续燃烧	强烈刺激甲醛味
聚苯乙烯	PS	容易	软化起泡，橙黄色，浓黑烟，有炭末	继续燃烧，表面油性光亮	特殊乙烯气味
尼龙	PA	慢	熔融滴落	起泡，慢慢熄灭	特殊羊毛、指甲气味
聚甲基丙烯酸甲酯	PMMA	容易	熔化起泡，浅蓝色，质白，无烟	继续燃烧	强烈花果臭味、腐烂蔬菜味
聚碳酸酯	PC	容易	软化起泡，有少量黑烟	离火熄灭	无特殊味
聚四氟乙烯	PTFE	不燃烧			在烈火中分解出刺鼻的氟化氢气味
聚对苯二甲酸乙二酯	PET	容易	软化起泡，橙色，有少量黑烟	离火慢慢熄灭	酸味
丙烯腈-丁二烯-苯乙烯共聚物	ABS	缓慢	软化燃烧，无滴落，黄色，黑烟	继续燃烧	特殊气味

表 1.4 各种废旧塑料识别方法

名 称	感官鉴别	燃烧鉴别	注 意
LDPE (中文名：低密度高压聚乙烯)	手感柔软，白色透明，但透明度一般，常有胶带及印刷字	燃烧火焰上黄下蓝；燃烧时无烟，有石蜡气味，熔融滴落，易拉丝	胶带和印刷字是不可避免的，但一定要控制其含量，因这些会影响在市场上的价格
EVA (中文名：聚乙-乙酸乙酯)	表面柔软；拉伸韧性强于LDPE，手感发黏(但表面无胶)；白色透明，透明度高，感观和手感与PVC膜很相似,应注意区分	燃烧时与LDPE相同，有石蜡气味，略带酸味；燃烧火焰上黄下蓝；燃烧时无烟；熔融滴落，易拉丝	本品为PE种类中的一种，价格同LDPE，可用于再生造粒，质量要求与PE相同
PP（聚丙烯）	白色透明，与LDPE相比透明度较高，揉搓时有声响	燃烧时火焰上黄下蓝，气味似石油，熔融滴落，燃烧时无黑烟	—
PET膜 （聚酯）	白色透明，手感较硬，揉搓时有声响，外观似PP	燃烧时有黑烟，火焰有跳火现象，燃烧后材料表面黑色碳化，手指揉搓燃烧后的黑色碳化物，碳化物呈粉末状	—
PVC膜 （聚氯乙烯）	外观极似EVA，但有弹性	燃烧时冒黑烟，离火即灭，燃烧表面呈黑色，无熔融滴落现象	—
尼龙共聚料 （LDPE+尼龙）	本品感观与LDPE极为相似	燃烧火焰上黄下蓝，燃烧时无烟，有石蜡气味，熔融滴落，易拉丝，但与LDPE不同的是燃烧时有毛发燃烧的气味，燃烧后呈淡黄色	尼龙共聚料不可用于再生造粒，要与LDPE严格区分，还要严格控制在大件中的含量
PE+PP 共聚料	本品与LDPE相比较，透明度远远高于LDPE，手感与LDPE无差异，撕裂试验极像PP膜，材质为透明纯白色	本品燃烧时火焰为全黄色,熔融滴落，无黑烟，气味似石油	—
PP+PET 共聚料	外观似PP，透明度极高，揉搓时声响高于PP	燃烧时有黑烟，火焰有跳火现象，燃烧表面呈黑色碳化	—
PE+PET 复合膜	材料表面一面光滑一面不光滑，白色透明	燃烧时似PET，无熔融滴落现象，燃烧表面黑色碳化，有黑烟，有跳火现象，带有PE的石蜡气味	—

1.5 塑件的常见缺陷及其原因和对策

通过 Moldflow 软件，可以对塑料制品和模具进行深入分析，可以在计算机上对整个注塑过程进行模拟，包括填充、保压、冷却、翘曲、纤维取向、结构应力和收缩以及气体辅助成型分析等，使模具设计师在设计阶段就能找出未来产品可能出现的缺陷，并提供一套整体的解决方案来优化模具设计。同时，也能使注塑工艺工程师预测注塑参数，以减小试模的次数，提高一次试模的成功率。

注射成型是一个具有非线性和时变特征的多参数相互作用的复杂过程。在注塑成型生产中，塑料原料、注射设备、模具结构及工艺参数都影响着塑件的成型质量，根据注塑生产经验，塑件的常见缺陷及其原因和对策有以下几种：

1.5.1　短　射

短射又称欠注，它是指塑料熔体无法充满整个模具型腔的现象，特别是壁厚较薄的区域或流动路径的末端区域，如图1.7所示。

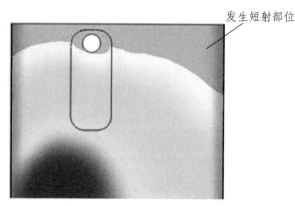

图 1.7　短射缺陷

任何会增加熔体流动阻力，或是妨碍足量塑料流入模具型腔的因素，都可能造成短射，其中包括：

① 注射量不足，料斗无塑料、进料被异物阻塞、止回阀磨耗等造成注射压力不足或漏料。

② 流动阻力太大，可能是塑件壁厚太薄、浇口位置不当、流道与浇口长度太长。

③ 熔体流动性不足，可能是熔体温度及模温太低。

④ 排气不良，排气孔不当，造成模具型腔压力过高，无法填充完全。

⑤ 注射机注射压力不足、注射体积不足、注射速度太低、料筒温度太低、塑化能力不足（原因在于熔体流动阻力太大或流动路径阻塞，太低的注射速度可能使塑料在充满型腔之前就凝固）。

⑥ 迟滞效应使塑料提早凝固，另外还有不良的填充模式、过长的注射时间。

短射有时也可以应用于进行试模，以观察或决定熔胶填充模式。改善塑件短射的缺陷主要有以下措施：

（1）改善塑件设计。

应设法使射出的熔体容易流动，以避免短射问题。合理增加塑件的部分壁厚，如使用导流器，以促进熔胶流动。

（2）改进模具设计。

增加浇口尺寸与数目，以缩短流动长度。增大流道系统尺寸，以减少流动阻力。增加排气孔尺寸与数目。设计优良的熔体传送系统可以得到比较平衡的填充模式。填充型腔应先填充壁厚较厚区，再填充薄壁区，这样可以避免迟滞效应，避免熔体提早凝固。

（3）调整成型工艺条件。

首先，检查料斗是否有足够的塑料，或是进口处是否有塑料结块，假如没有问题，可以尝试增加射出体积。其次，检查止回阀与料筒是否过度磨耗，这可能导致射出压力损失及漏料。尝试提高注射速度以产生更多的黏滞热，降低熔体黏度。提高料筒温度及提高模具温度，较高的温度可以促进熔胶的流动，但必须避免熔体温度过高而造成分解；同时，高模温也会延长冷却时间。尝试增加射出压力，但是不得超出注塑机的规格，以免损害机器的油压系统，一般限制操作压力为最大射出压力的 70%～85%；同时太高的注射压力会造成毛边。

（4）检查注塑机规格。

注塑机规格可能不足，无法完成射出行程。假如使用多模穴模具，可能先堵塞部分模穴。

（5）充分准备塑料。

假如不同模具型腔之间随机地发生短射，可以检查是否有未融化的塑粒或杂质。

1.5.2 熔接痕

熔接痕又称熔接线或夹线，其形成是因为不同方向移动的熔体的汇流。熔接痕是两股平行流动的熔胶波前之间的接合线。塑件靠破孔、镶件、多个浇口或因壁厚变化而引起竞流效应时，都会产生熔接线。

假如塑件无法避免产生熔接线，应该调整浇口的位置和尺寸，使熔接线发生在低应力或不明显的区域。

传统的做法是以两股熔胶的汇流角度来区分缝合线和熔合线，如图 1.8 所示。汇流角度小于 135°时产生的是缝合线，大于 135°时产生的是熔合线。可以注意到的是汇流角度在 120°～150°时，缝合线的表面痕迹将会消失。

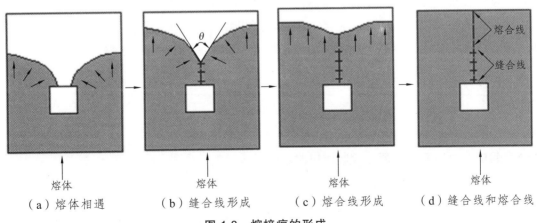

（a）熔体相遇　　（b）缝合线形成　　（c）熔合线形成　　（d）缝合线和熔合线

图 1.8　熔接痕的形成

熔接线的强度决定于两股熔体波前相互交织的能力，熔接线区域的强度可能是无缝合线区域的 10%～90%。假如熔接线在填充完全以前形成，而且立即进行保压，结果使熔接线较不明显，而且强度较强。对于几何形状复杂的塑件，流动分析模拟可以针对模具的设计变化加以预测熔接线的位置，并且监控各股熔体波前的温度差。

改善塑件熔接线的措施如下：

（1）改善塑件设计。

增加壁厚，以利于压力的传送，并且保持较高的熔胶压力，调整浇口的位置与尺寸，或减小塑件的厚度比，如图 1.9 所示。

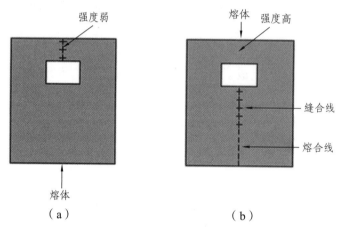

图 1.9　改良浇注系统以获得强度更高的熔接线

（2）改善模具设计。

加大浇口与流道的尺寸。将排气孔设在熔接线处，以消除包风，避免塑件的强度减弱。改变浇口设计以去除熔接线，或者在接近浇口处形成承高压与高保压压力的熔接线。

（3）调整成型工艺条件。

假如塑件在熔接线处有破裂的倾向，可以在塑料过热的范围以内，适度提高熔体温度、模具温度、注射速度、注射压力。熔体温度太低会造成熔体波前无法交互编织在一起。然而熔体温度太高也可能会造成树脂裂解，仍无法产生好的编织面。同时，注射压力太低，将无法逼迫熔体在熔接线结合。

1.5.3　翘　曲

塑件的形状在塑件脱模后或稍后一段时间内会产生旋转或扭曲的现象，表现为塑料平坦部分有起伏，直边朝里、朝外弯曲或扭曲。

翘曲产生的原因及改善塑件翘曲的措施如下：

（1）冷却不当。

由于模具的冷却系统设计不合理或模具温度控制不当而造成的冷却不足，都会导致塑件的翘曲变形。壁厚差异较大的塑件，由于各部分的冷却收缩不一致，尤其容易翘曲。所以，塑件的设计应该尽量保证壁厚的均匀性，同时应保证足够的冷却时间，使塑件完全冷却。

（2）分子取向不均。

塑件的翘曲变形在很大程度上是由于聚合物分子取向程度不同所引起的。在充模过程中，大多数聚合物分子将沿着充模方向排列，这样就会造成沿熔体流动方向上的分子取向大于垂直流动方向上的分子取向。在充模完成后，分子试图恢复卷曲的状态，导致塑件有在该方向上缩短的趋势。因此，在两个方向上的收缩不均，导致塑件发生翘曲变形。

针对这种情况，可以采用降低熔体温度和模温的方法来减小流动取向并缓和取向应力的松弛，如果同时结合塑件成型后的热处理，效果会更好。否则，塑件内部残余的内应力在经过一段时间后会释放出来，还会造成翘曲变形。

（3）浇注系统设计有缺陷。

模具浇注系统的设计影响熔体的流动性、塑件内应力和热收缩变形，因此合理地设计浇口位置和类型可以较大程度地减少塑件变形，在设计中应该注意以下几点：

① 为使型芯两侧均匀受力，浇口位置不能使熔体直接冲击型芯。

② 对于面积较大的矩形扁平塑件，如果材料的分子取向和收缩率较大，应采用薄膜式浇口或多点侧浇口，且尽量不要采用直浇口或分布在一条线上的点浇口。

③ 对于圆片形塑件，应采用中心直浇口或多点式浇口，不应采用侧浇口。

④ 对于壳形塑件，最好采用直浇口，不采用侧浇口。

（4）成型工艺参数不合理。

在注塑过程中，注射压力太低、注射速度过慢、保压时间不够等，都会引起塑件的翘曲变形。

1.5.4　毛　边

毛边又称飞边，指在模具的不连续处（通常是分模面、排气孔、排气顶针、滑动机构等）过量填充造成塑料外溢的瑕疵，如图 1.10 所示。

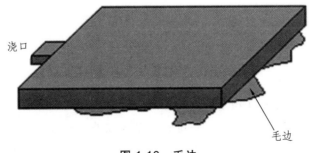

图 1.10　毛边

造成毛边的原因包括：

（1）锁模力太低。

注塑机锁模力太低，不足以维持成型制程的模板紧闭，造成毛边。

（2）模具有缝隙。

模具结构变形、分型面不够密合、机器规格不当、成型条件不当、分模面卡料等因素都可能造成分模面接触不完全，造成毛边。

（3）成型条件不当。

熔体温度太高或注射压力太高等造成熔体流动性过高的不当成型条件都会造成毛边。

（4）排气不当。

设计不当和不良的排气系统，或是太深的排气系统都会造成毛边。

改善塑件产生毛边的措施如下：

（1）调整模具设定。

检查模具的对准和模板的翘曲变形。确定模具有适当的排气孔。模具的公、母模不能对齐或密合性不佳都会造成毛边，必须正确密闭地安装设定模具。铣削模面，使得模穴周围能够维持足够的密合压力。假如成型时造成模板变形，应增加支撑柱块或加厚模板，以防止模板变形。清理模面，分型面有未清理干净的塑料会造成模具无法密合，产生毛边。检查适当的排气孔尺寸。

（2）调整机器设定。

检查注塑机的锁模力规格与设定。当机器有足够的锁模力容量，就应调高锁模力。当机器的锁模力不足时，就应提高注射机规格。

（3）调整成型工艺条件。

假如熔体温度太高，可能因为太低的黏滞性而在模板之间溢料，可以观察喷嘴的滴料情况来判断。减少填充行程的长度，可以降低注射量。应该降低填充速度，特别是降低接近填充完成时的填充速度，可以改善毛边。降低注射压力和降低保压压力，可以减小需求的锁模力。降低料筒温度和喷嘴温度，因为太高的熔体温度会降低塑料的黏度，造成较稀薄的熔胶层，可能发生毛边。值得注意的是，避免使用太低的熔体温度，以避免造成需要更高的注射压力而产生毛边。

1.5.5 迟滞效应

迟滞效应或迟滞痕迹是一种塑件表面的瑕疵，它是由于熔体流经薄壁区或壁厚突然变化区域，造成流动停滞，如图1.11所示。当熔体进入厚度变化的模腔，会往壁厚区与阻力较小的区域填充，结果使薄壁区流动停滞，一直到薄壁区以外部分都完成填充，停滞的熔胶才继续流动。但是，停滞太久的熔体可能会在停滞处就先行凝固，当凝固的熔体被推到塑件表面，就会产生迟滞痕迹。

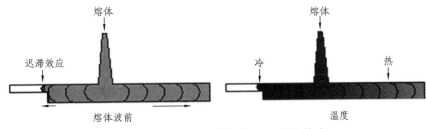

图 1.11 停滞流动的熔体造成迟滞效应

迟滞效应可以通过改变塑件壁厚或改变浇口位置来得到改善。要排除塑件的迟滞痕迹，必须考虑重新设计塑件与模具，微调成型工艺条件也是可以思考的方向。防止迟滞效应的措施如下：

（1）改善塑件设计。缩减塑件壁厚变化。

（2）改进模具设计。浇口位置应该远离薄壁区或壁厚突然变化的区域，使迟滞效应延后发生，或在较短时间内结束。图 1.12 显示了不当的浇口位置所造成的熔体迟滞流动。将浇口远离薄壁区可以降低迟滞效应。

（3）调整成型工艺条件。提高熔体温度和增大注射压力。

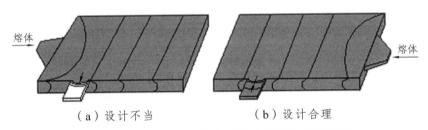

（a）设计不当　　　　　　　（b）设计合理

图 1.12　不当的浇口位置所造成的熔体迟滞流动

1.5.6　喷射流

当塑料熔体以高速流过喷嘴、流道、浇口等狭窄的区域后，进入开放或较宽厚的区域，并且没有和模壁接触，就会产生喷射流。蛇状发展的喷射流使熔体折合而互相接触，造成小规模的熔接线，如图 1.13 所示。喷射流会降低塑件强度，造成表面缺陷及内部多重瑕疵。

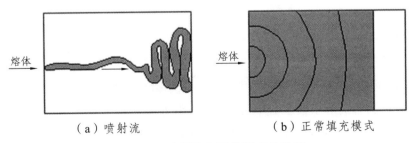

（a）喷射流　　　　　　　（b）正常填充模式

图 1.13　喷射流与正常填充的比较

相比之下，正常的填充模式的熔体波前则不会产生这些问题。改善塑件喷射流瑕疵的措施如下：

（1）改善模具设计。

通常喷射流问题出现在浇口设计，可以重新设置或改变浇口设计，以引导熔体与侧壁金属模面接触。使用重叠浇口或潜伏式浇口以避免喷射流，如图 1.14 所示，以逐渐扩张的熔体流动面积来降低流动速度。使用扇形浇口，如图 1.15 所示，可以提供熔体从浇口到模腔较平顺的转移，降低熔体的剪应力和剪应变。还可增大浇口与流道尺寸，或缩短浇口长度以避免喷射流。

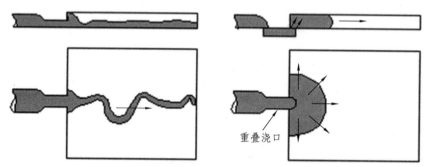

图 1.14　使用重叠浇口或潜伏式浇口以避免喷射流

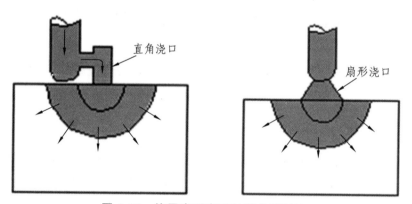

图 1.15　使用扇形浇口以避免喷射流

（2）调整成型工艺条件。

调整为最佳的螺杆速度曲线，使熔体波前以低速通过浇口，等到熔体探出浇口外再提高注射速度，以消除喷射流。也可以调整料筒温度以逐量提高或降低各段熔胶的温度，以消除喷射流，此改善方法的原因仍未确定，但是可能与模嘴膨胀效应和熔体性质（如黏度和表面张力等）的改变有关系。对于大多数塑料，降低温度使得模口膨胀效应增大；但是，也有塑料（如 PVC）会因为升高温度而增大模嘴膨胀效应。

1.5.7　银线痕

银线痕是空气或湿气挥发及异种塑料混入分解而烧焦，在塑件表面溅开的痕迹，它会从浇口处以扇形方式向外辐射发展，如图 1.16 所示。

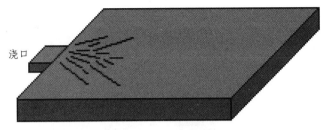

浇口

图 1.16　银线痕

塑料在储存时会吸收相当程度的湿气，假如成型前未经过适当的干燥，湿气会在射出成型时转变成水蒸气，在塑件表面造成喷溅的痕迹。塑料在塑化阶段，会包覆适量的空气在熔体内，假如空气无法在注射阶段排出，也会在塑件表面留下银线痕。另外，有些裂解的塑料或烧焦的塑料粒子会在塑件表面留下银线痕。

改善塑件银线痕的措施如下：

（1）充分准备塑料。

根据塑料供货商的建议，在注射成型前应仔细地进行塑料干燥，注意塑料是否含有挥发物。更换塑料时，彻底清除料筒内的旧塑料。旧塑料容易造成颗粒烧焦。

（2）改善模具设计。

加大流道及浇口。太窄的流道、浇口，甚至塑件设计，可能造成过量的剪切热，使得塑料过热而裂解。

（3）调整成型工艺条件。

选择适合模具的注射机规格，合理选用成型条件可以使成型的塑料延后裂解。提高背压，以降低混入熔体内的空气。降低熔体温度、降低注射压力或降低注射速度。改善排气系统，使空气和蒸汽很容易排出。

1.5.8　凹陷和气孔

凹陷是指塑料的注射量小于模腔容积，造成塑件表面局部下陷，一般发生在塑件的厚壁区，或者是肋、凸毂、内圆角的相接平面上。气孔是制品内部的真空气泡。发生凹陷和气孔是因为塑件冷却时，在厚壁区局部收缩，而且没有补偿足够的熔体。另外，因为散热不平均等因素，在与肋或外突特征相接平面的另一侧常常发生凹陷。

塑件引起凹陷与气孔的主要因素包括：注射压力和保压压力太低、保压时间太短或冷却时间太短、熔体温度太高或模具温度太高以及局部的几何特征。

当外侧的材料冷却与凝固之后，塑料内层开始冷却，塑料收缩导致表层塑料向内拉，因而造成凹陷。假如表层的刚性够强，如使用工程塑料，则表层凹陷可能被内层的气泡取代，如图1.17所示。

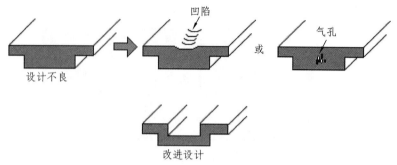

图 1.17　凹陷或气孔

改善塑件凹陷和气孔的措施如下：

（1）改善塑件设计。

相对来说，粗厚件易产生凹陷。可将塑件厚度变化最小化或添加表面特征以隐藏凹陷。

（2）改进模具设计。

将浇口设置在厚壁区或接近厚壁区，以便在薄壁区凝固之前进行保压。增加更多的排气孔或加大排气孔，方便空气排出。浇口太小时，可能造成保压不完全，加大浇口和流道尺寸以延后浇口凝固时间，让更多的塑料在保压阶段进入模腔。

【本章小结】

本章主要介绍了 Moldflow 模流分析所需要掌握的基本知识，主要包括注塑成型原理、注塑成型工艺过程、有限元理论知识、注塑成型常用塑料及其特征、注塑件常见质量缺陷及其产生原因和解决方法等。掌握这些基本知识，有利于读者更容易地使用 Moldflow 软件做模流分析。

2　Moldflow6.1 操作介绍

【内容提要】

本章主要介绍了英文版 Moldflow6.1 软件的分析模块、操作界面和操作指令，详细介绍了 Moldflow6.1 软件菜单的使用方法及 Moldflow6.1 模流分析流程。

【知识目标】

（1）了解 Moldflow6.1 软件的分析模块。

（2）了解 Moldflow6.1 软件的操作界面。

（3）掌握 Moldflow6.1 软件的操作菜单的使用。

（4）掌握 Moldflow6.1 模流分析流程。

【学习重点】

（1）掌握 Moldflow6.1 软件的操作菜单的使用。

（2）掌握 Moldflow6.1 模流分析流程。

【知识建构】

2.1　Moldflow 简介

Moldflow 是全球领先的塑料注塑成型生产解决方案计算机设计软件公司和咨询公司。Moldflow 软件适用于优化塑件、优化模具结构、优化注塑工艺参数，并提供了整体的解决方案，帮助设计人员完成从设计到注塑整个流程中的优化工作，降低了企业的生产成本，提高了生产效益。

Moldflow 软件主要包括两大系列产品：Moldflow Plastic Advisers（MPA）、Moldflow Plastic Insight（MPI）。要对塑件做模流分析，通常采用 MPI 软件产品。MPI 是一个提供深入制件和模具设计分析的软件包，它提供强大的分析功能、可视化功能和项目管理工具，这些工具使客户可以进行深入分析和优化。MPI 用户可以对塑件的几何形状、材料的选择、模具设计及工艺参数设置进行优化，以获得高质量的产品。

2.1.1 软件功能

1. 优化塑件

运用 Moldflow 软件，可以得到塑件的实际最小壁厚，优化塑件结构，降低材料成本，缩短生产周期，保证塑件能全部充满。

2. 优化模具结构

运用 Moldflow 软件，可以得到最佳的浇口数量与位置、合理的流道系统与冷却系统，并对型腔尺寸、浇口尺寸、流道尺寸和冷却系统尺寸进行优化，在计算机上进行试模、修模，大大提高了模具质量，减少了实际修模次数。

3. 优化注射工艺参数

运用 Moldflow 软件，可以确定最佳的注射压力、保压压力、锁模力、模具温度、熔体温度、注射时间、保压时间和冷却时间，以注射出最佳的塑件。

2.1.2 主要分析模块

1. 中性面

中性面不仅大大缩短了对塑件进行造型的时间，而且可以自动产生网格化的实体中平面，使用户可以致力于深入的工艺分析。

2. 双层面

双层面是处理 CAD 模型最方便的方法，在保证流动、保压、优化、冷却和翘曲等分析的基础上，能够减少处理模型的时间。在用户使用 AMI 组件进行热固性塑料模具分析时，也可以使用双层面。

使用双层面可以改进塑件和模具设计，确定材料和工艺条件，从而在质量、成本和时间上取得最佳组合。

3. 3D 技术

3D 技术解决的是一类以前用传统的有限元法无法解决的问题，即在厚的部件中，熔化的塑料可以向各个方向流动。3D 解决方案通过使用基于实体四面体的有限单元网格技术，在非常厚的零件上执行真正的 3D 模拟。

4. 浇口位置分析

浇口位置分析自动分析出最佳浇口的位置。如果模型需要设置多个浇口时，可以对模型进行多次浇口位置分析。当模型已经存在一个或者多个浇口时，可以进行浇口位置分析，系统会自动分析出附加浇口的最佳位置。

5. 成型窗口分析

成型窗口分析能够帮助定义生产合格产品的成型工艺条件范围。如果位于这个范围，则可以生产出质量好的产品。

6. 流动模拟模块

使用填充+保压分析可以帮助设计人员确定合理的浇口、流道数目和位置、平衡流道系统和评估工艺条件，以获得最佳保压阶段设置来提供一个健全的成型窗口，能够预测注射压力、锁模力、熔料流动前沿温度、熔接线和气穴可能出现的位置，以及填充时间、压力和温度分布，并确定和更正潜在的塑件收缩和翘曲变形等质量缺陷。

流动分析能分析聚合物在模具中的流动，并且优化型腔的布局、材料的选择、填充和保压的工艺参数。可以在产品允许的强度范围内和合理的充模情况下减少型腔的壁厚，把熔接线和气孔定位于结构和外观允许的位置上，并且定义一个范围较宽的工艺条件，而不需考虑生产车间条件的变化。使用填充＋保压分析能够对注射成型从塑件设计、模具设计到成型工艺提供全面和并行的解决方案。

7. 冷却分析

冷却分析提供用于对模具冷却回路、镶件、网格模型和模板进行建模以及分析模具冷却系统效率的工具。冷却分析冷却系统对流动过程的影响，优化冷却水道的布局和工作条件。

冷却和填充+保压相结合，可以模拟完整的动态注射过程，从而改进冷却水道的设计，使塑件均匀冷却，并由此缩短成型周期，减少产品成型后的内应力和翘曲变形，从而降低模具总体制造成本。

8. 翘曲分析

翘曲分析整个塑件的翘曲变形，同时指出产生翘曲的主要原因以及相应的改进措施。帮助预测由于成型工艺引起的应力集中而导致的塑料产品的收缩和翘曲，也可以预测由于不均匀压力分布而导致的模具型芯偏移，明确翘曲原因，查看翘曲变形将会发生的区域以及翘曲变形趋势，并可以优化设计、材料选择和工艺参数，以便在模具制造之前控制塑件变形。

9. 收缩分析

收缩分析可以通过对聚合物的收缩数据和流动分析结果来确定型腔的尺寸大小。通过使用收缩分析，可以在较宽的成型条件下以及紧凑的尺寸公差范围内，使得型腔的尺寸可以更准确的同产品的尺寸相匹配，使得型腔修补加工以及模具投入生产的时间大大缩短，并且大大改善了产品组装时的相互配合，进一步减少了废品率和提高了产品质量。通过流动分析结果确定合理的塑料收缩率，保证型腔的尺寸在允许的公差范围内。

10. 流道平衡分析

流道平衡分析可以帮助判断流道是否平衡，并给出平衡方案，对于一模多腔或者组合型腔的模具来说，熔体在浇注系统中流动的平衡性是十分重要的，如果塑料熔体能够同时到达并充满模具的各个型腔，则称此浇注系统是平衡的。平衡的浇注系统不仅可以保证良好的产品质量，而且可以保证不同型腔内产品质量的一致性。它可以保证各型腔的填充时间保持一致，保证均衡的保压，保持一个合理的型腔压力和优化流道的容积，以节省充模材料。

11. 纤维填充取向分析

纤维填充取向分析使用一系列集成的分析工具来帮助优化和预测由于含纤维塑料的流动而引起的纤维取向及塑料/纤维复合材料的合成机械强度；帮助判断和控制含纤维塑料内部的纤维取向，可以减小成型产品上的收缩不均，以及整个注射过程的取向，从而减小或消除产品的翘曲。

12. 结构应力分析

结构应力分析对塑料产品在受外界载荷的情况下的力学性能进行分析，根据注射工艺条件，优化塑件的刚度和强度。结构应力分析预测在外载荷和温度作用下所产生的应力和位移。对于纤维增强塑料，结构应力分析根据流动分析和塑料的种类的物性数据来确定材料的力学特性，用于结构应力分析。

13. 气体辅助成型分析

气体辅助成型分析模拟市场上的气体辅助注塑机的注射过程，对整个气体辅助注射过程进行优化。这种成型方法通常是将加入了氮气的气体注入聚合物熔体中，气体推动熔体流进型腔完成填充。将气体辅助成型、冷却、纤维填充取向和翘曲结合起来，就可以预测放置熔体的位置、气体入口的位置、熔体和气体的比例、放置气道的位置以及气道尺寸等。

14. 工艺优化分析

工艺优化分析根据给定的模具、注塑机、注射材料等参数及流动分析结果自动产生的保压曲线，用于对注塑机参数的设置，从而免除了试模时对注塑机参数的反复调试。工艺优化分析采用用户给定或默认的质量控制标准有效地控制产品的尺寸精度、表面缺陷及翘曲变形。

15. 热固性塑料的流动及融合分析反应注射成型模块

应用反应注射成型模块，用户可以模拟热固性树脂的流动和固化，并深入理解这些复杂的处理过程。用户可以预测热固性塑料的成型方法，预测反应注射成型（RIM）、增强型反应注射成型（SRIM）和树脂传递模（RTM）的可制造性，缩短成型周期，优化工艺条件。另外，可选的模块可模拟集成电路（IC）封装等。

2.2　Moldflow6.1 操作界面

Moldflow6.1 的操作界面主要由 8 部分组成，分别为标题栏、菜单栏、工具栏、工程项目区、案例浏览区、图层管理区、模型显示窗、状态栏，如图 2.1 所示。

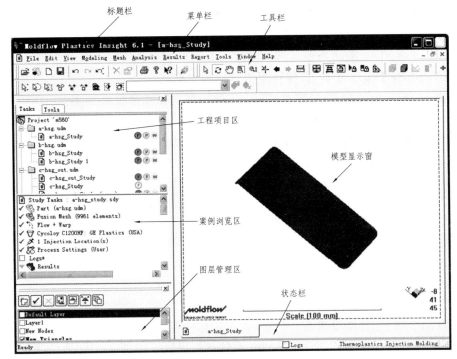

图 2.1 Moldflow6.1 操作界面

2.2.1 标题栏

标题栏位于窗口左上端,显示软件名称和当前分析案例的文件名。

2.2.2 菜单栏

菜单栏位于标题栏下方,包括 File(文件)、Edit(编辑)、View(视图)、Modeling(建模)、Mesh(网格)、Analysis(分析)、Results(结果)、Report(报告)、Tools(工具)、Window(窗口)、Help(帮助)菜单。

1. File(文件)

项目文件的操作基本上在"File"内完成,如图2.2 所示,其主要功能如下:

(1) New Project(新建项目):用户可以在指定的目录下创建新的工程项目。

(2) Open Project(打开项目):打开现有的工程项目。

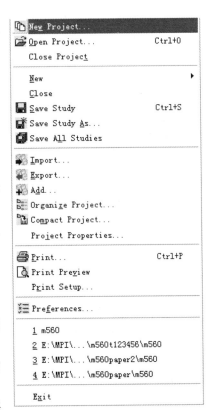

图 2.2 文件菜单

（3）Close Project（关闭项目）：关闭运行的工程项目，但不关闭 Moldflow 软件。

（4）New（新建）：新建空白方案、报告等。

（5）Close（关闭）：关闭当前运行的方案，并切换到最近一次运行的方案。

（6）Save Study（保存方案）：保存当前运行的方案。

（7）Save Study As（另存方案）：将当前运行的方案另存为新方案。

（8）Save All Studies（保存所有方案）：保存所有处于运行状态的方案。

（9）Import（导入）：在当前运行的项目区中导入新方案。

（10）Export（导出）：将当前分析方案导出。

（11）Add（增加）：在当前运行方案中添加其他分析模型。

（12）Organize Project（组织工程）：可以根据不同的排序类型对项目中已存在的方案、报告进行排序，如 CAD 模型、材料、注射位置和共享的结果文件等。

（13）Compact Project（压缩工程）：可以将分析文件进行压缩。

（14）Project Properties（工程属性）：记录此工程的信息，如分析人员、公司等信息。

（15）Print（打印）：打印当前的显示窗口。

（16）Print Preview（打印预览）：预览打印效果。

（17）Print Setup（打印设置）：对打印效果进行设置。

（18）Preferences（参数设置）：对 MPI 系统进行设置，如概述、目录、报告、互联网、背景、鼠标功能等，设置对话框如图 2.3 所示。

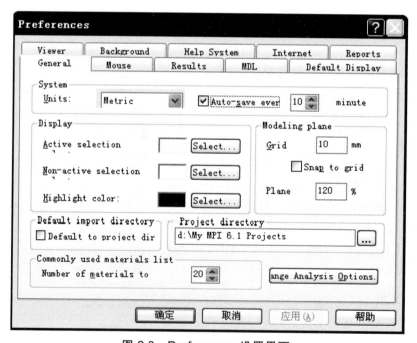

图 2.3　Preferences 设置界面

2. Edit（编辑）

图 2.4 为编辑菜单，其主要功能如下：

（1）Undo（撤销）：撤销上一步操作。

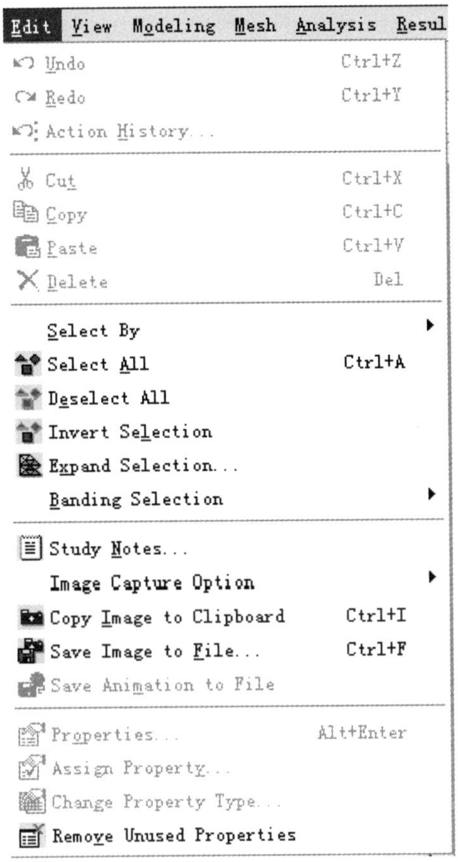

图 2.4　编辑菜单

（2）Redo（重做）：重新执行上一步操作。

（3）Action History（操作记录）：记录执行过的操作步骤。

（4）Cut、Copy、Paste、Delete：剪切、拷贝、粘贴、删除。

（5）Select By（选择方式）：对于形状复杂的模型，可以通过"选择方式"级联菜单命令进行快速地编辑，其选项主要包括属性、层、矩形、圆形、多边形，可以根据这些选项对模型的实体进行分类选取。

（6）Select All（全选）：对模型进行全选操作。

（7）Deselect All（取消全选）：取消对已选中的实体模型。

（8）Invert Selection（反向选择）：对已经选中的实体模型的局部，可通过反向选取来选中其他所有部分。

（9）Expand Selection（展开选择）：先选中一部分实体模型，通过"扩展选择"可以由已选中部分向未选中部分扩张。可以在"扩展选择"对话框中设置一次扩选的层数，即由已选中实体的最外层节点向外扩选设定的节点层数，这种功能多用于网格修补。

（10）Banding Selection（局部选择）：包括"完全框住"和"框住"两个选项。

（11）Study Notes（方案注释）：对产品的分析结果和改善方案做出注释。

（12）Image Capture Option（图像抓捕选项）：按不同的设置方式抓取图像。

（13）Copy Image to Clipboard（复制图像到剪切板）：用来将模型显示窗口中的模型图片复制到剪贴板。

（14）Copy Image to File（复制图像到文件）：用来将模型显示窗口中的模型图形复制到指定的文件中。

（15）Save Animation to File（保存动画到文件）：可以将动画保存为文件，保存格式有两种，即动画（gif）和电影（avi）。

（16）Properties（属性）：显示选中实体模型的属性。

（17）Assign Property（指定属性）：给实体赋予或改变属性。

（18）Change Property Type（更改属性类型）：改变实体原有属性类型。

（19）Remove Unused Properties（删除未使用的属性）：删除未使用的属性。

3. View（视图）

图 2.5 为视图菜单。

（1）Toolbars（工具栏）：工具栏的级联菜单如图 2.6 所示，可选择工具栏的显示与否，使实际操作更加方便，这里简单介绍一下工具栏的主要操作工具。

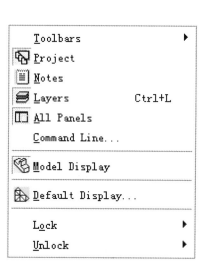

图 2.5　视图菜单

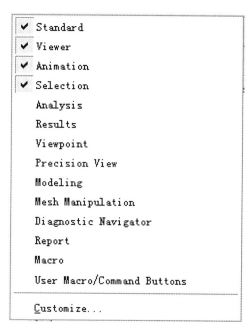

图 2.6　工具栏级联菜单

① Standard：标准工具栏如图 2.7 所示。其主要功能有：打开工程项目、导入、新建方案、保存、撤销、重做、操作记录、删除、编辑属性、打印、帮助等。

图 2.7　标准工具栏

② Viewer：查看工具栏如图 2.8 所示。其主要功能有：选择、旋转、平衡、局部放大、放大缩小、居中、前一视图、后一视图、测量、全屏、透视图、锁定/解锁视图、锁定/解锁动画、默认显示、编辑剖切平面、移动剖切平面、增加 *XY* 曲线、结果检查、分割图形为上下两个窗口、分割图形为左右两个窗口等。

图 2.8　查看工具栏

③ Animation：动画工具栏如图 2.9 所示。主要用于播放动态的 MPI 分析结果。其主要功能有：向前、向后、播放、暂停、停止、弹跳、控制等。

图 2.9　动画工具栏

④ Selection：选择工具栏如图 2.10 所示。其主要功能有：按属性选择、圆形选择、多边形选择、全选、取消全选、反向选择、扩展选择、完全框住等。

图 2.10　选择工具栏

⑤ Analysis：分析工具栏如图 2.11 所示。其主要功能有：选择分析类型、选择原材料、工艺参数的设置、设置进浇位置、冷却液入口设置、排气设置、固定约束、开始分析等。

图 2.11　分析工具栏

⑥ Modeling：建模工具栏如图 2.12 所示。其主要功能有：坐标式创建节点、中间创建节点、偏移创建节点、交叉线创建节点、创建直线、三点创建圆弧、角度法创建圆弧、创建样条曲线、连接曲线、打断曲线、边界创建区域、节点创建区域、边界创建孔、创建模具镶件、平移、旋转，镜像等。

图 2.12　建模工具栏

⑦ Mesh Manipulation：网格处理工具栏如图 2.13 所示。其主要功能有：创建网格、创建局部网格密度、创建三角形、创建柱体单元、创建四面体、网格修复向导、插入节点、移

41

动节点、对齐节点、清除节点、匹配节点、合并节点、交换边、缝合边、填充孔、重划网格、显示网格诊断、纵横比诊断、重叠单元诊断、配合诊断、连通性诊断、自由边诊断、厚度诊断等。

图 2.13 网格处理工具栏

（2）Project（工程项目）：显示或隐藏工程项目区。

（3）Notes（注释）：可以对分析结果做出注释。

（4）Layer（图层）：显示或隐藏图层。

（5）All Panels（所有面板）：控制 3 块主要面板，即控制工程项目区、案例浏览区、图层管理区的显示或隐藏。

（6）Model Display（模型显示）：可以把创建好的模型显示在窗口中。

（7）Default Display（默认显示）：可以通过默认设置中的命令调整系统参数。

（8）Lock（锁定）：锁定视图或动画。

（9）Unlock（解锁）：解除锁定的视图或动画。

4. Modeling（建模）

建模菜单如图 2.14 所示。创建特征的命令和工具栏都集在建模菜单中，常用的主要功能有：创建节点、创建曲线、创建区域、创建孔、创建镶件、局部坐标系、移动、复制、查询实体、创建流道、创建冷却系统、模具表面向导、曲面的诊断及修复等。

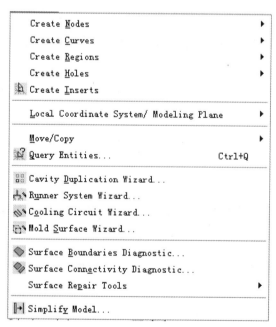

图 2.14 建模菜单

5. Mesh（网格）

分析模型网格的质量直接影响分析结果的精度。因此，网格的划分和修复处理占有重要的地位。网格菜单如图 2.15 所示。其主要功能有：生成网格、定义网格密度、增加局部网格密度、降低局部网格密度、创建三角形网格、创建柱体网格、创建四面体网格、网格修复向导、网格工具、全部取向、网格诊断、显示诊断结果、网格统计信息等。

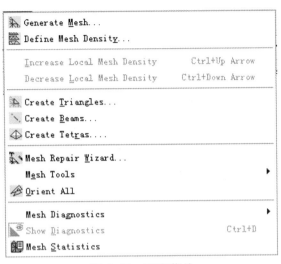

图 2.15　网格菜单

6. Analysis（分析）

分析菜单主要包括案例分析前的重要命令，如图 2.16 所示。其主要功能有：设置成型工艺、设置分析类型、选择原材料、工艺参数设置向导、从 MPX 导入数据、设置注射位置、设置冷却液入口、设置关键尺寸、设置约束、设置载荷、开始分析等。

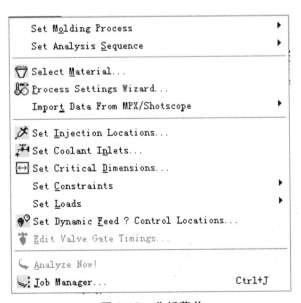

图 2.16　分析菜单

（1）Set Molding Process（设置成型工艺）：如图2.17所示，MPI可以提供的工艺分析类型包括共射出成型分析、热塑性注射成型分析、微发泡成型分析、反应成型分析、气辅成型分析、双色成型分析等。

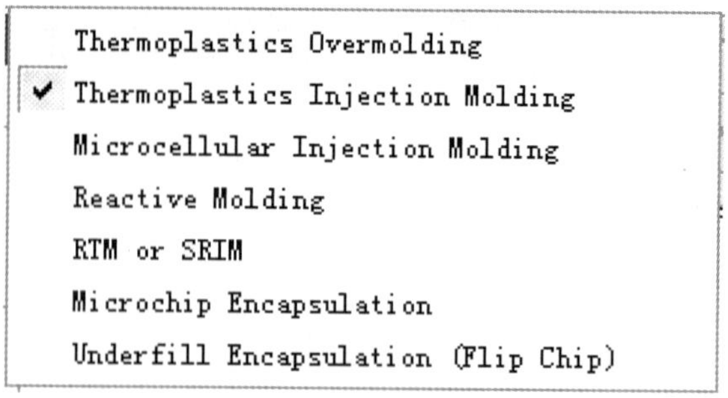

```
┌─────────────────────────────────────────────┐
│       Thermoplastics Overmolding             │
│  ✔  Thermoplastics Injection Molding         │
│       Microcellular Injection Molding        │
│       Reactive Molding                       │
│       RTM or SRIM                            │
│       Microchip Encapsulation                │
│       Underfill Encapsulation (Flip Chip)    │
└─────────────────────────────────────────────┘
```

图 2.17　设置成型工艺菜单

（2）Set Analysis Sequence（设置分析类型）：用于设置分析的类型和顺序，菜单如图2.18所示。做模流分析时，需根据分析要求选择相应的分析类型，主要包括：填充、流动、冷却，冷却+流动+变形、流动+变形、实验设计（填充）、实验设计（流动）、成型窗口、浇口位置、快速填充等分析类型。

具体介绍见本书第3章。

```
┌─────────────────────────────────────────────┐
│       Fill                                   │
│       Flow                                   │
│       Cool                                   │
│       Cool + Flow + Warp                     │
│  ✔  Flow + Warp                             │
│       Design Of Experiments (Fill)           │
│       Design Of Experiments (Flow)           │
│       Molding Window                         │
│       Gate Location                          │
│       Fast Fill                              │
│  ─────────────────────────────────────────   │
│       More...                                │
└─────────────────────────────────────────────┘
```

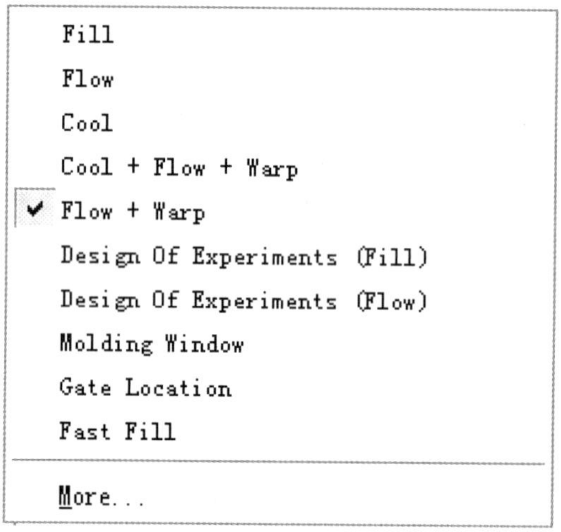

图 2.18　设置分析类型菜单

（3）Select Material（选择原材料）：根据产品的使用要求选择原材料，具体介绍见本书第3章。

（4）Process Settings Wizard（工艺参数设置向导）：注塑工艺参数控制好坏对塑件的成型质量有着非常重要的影响。主要设置的工艺参数有：注射时间、模具温度、熔体温度、注射压力、保压压力、冷却时间等。后面章节会详细介绍。

（5）Import Data From MPX/Shotscope（从MPX中导入数据）：从MPX向MPI导入参数，主要包括：机器属性、工艺设置。

（6）Set Injection Locations（设置注射位置）：做MPI分析，需要设定注射位置。

（7）Set Coolant Inlets（设置冷却液入口）：做好冷却系统以后，需要设置冷却管道的冷却液入口位置，单击"Set Coolant Inlets"命令后，出现如图 2.19 所示的对话框，设置冷却液的属性，光标变成十字交叉，单击属性相同的冷却管道的进水口。

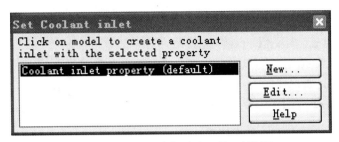

图 2.19　"设置冷却液入口"对话框

（8）Set Critical Dimensions（设置关键尺寸）：当采用某种材料进行分析时，需要清楚产品实际的体积收缩值是否在预定的范围之内，才能保证产品的关键尺寸没有超出设定的公差范围。

在做模流分析前，单击"Set Critical Dimensions"命令，弹出"设置关键尺寸"对话框，如图 2.20 所示，首先选择代表尺寸的两个节点，再输入上、下偏差，单击"Apply"按钮，将出现蓝色的双箭头尺寸标注线。

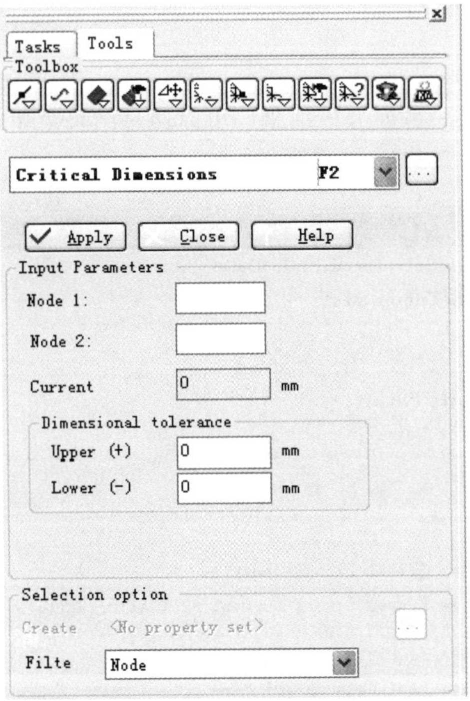

图 2.20　设置关键尺寸

（9）Set Constraints（设置约束）：做产品的应力分析和翘曲分析时，可对模型进行约束设置。约束方式主要有 4 种，如图 2.21 所示，包括：固定约束、销钉约束、弹性约束、普通约束。

（10）Set Loads（设置载荷）：为了模拟作用载荷对产品应力的影响，在做应力分析时需要对产品模型不同位置设置一定量的载荷。主要包括：点载荷、边载荷、面载荷、压力载荷、热载荷、体载荷，如图2.22所示。

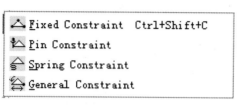

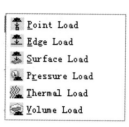

图2.21　约束方式　　　　　　　　　图2.22　载荷方式

（11）Set Dynamic Feed/Control locations（设置动态进料控制位置）：该命令主要针对热流道系统，为了更好地控制浇注系统与型腔的填充，可采用分时间段设置注射压力的方法，更好地控制熔体在不同位置的流速，提高塑件的成型质量。

（12）Edit Valve Gate Timings（编辑阀浇口时间控制器）：主要用于热流道系统中有时序控制的阀浇口，可以根据实际需要调节各个阀浇口开启和关闭的时间、顺序，以实现对熔体流动的控制。

（13）Analyze Now!（开始分析）：当所有准备工作完成之后，即可以对案例模型进行分析，双击"Analyze Now!"。

7. Results（结果）

通过模拟分析后，得到一系列分析结果，可以通过结果菜单对分析结果进行查看，也可以编辑结果显示等操作，图2.23为结果菜单。

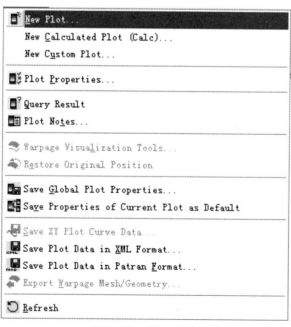

图2.23　结果菜单

（1）New Plot（新建图）：用户为了方便查询分析结果，可以根据实际需要新建一个或多个分析结果，并可以选择不同的显示方式，如动画图、XY图、路径图等多种方式。

（2）New Calculated Plot（新建计算图）：可根据用户需要自定义制图，包括新建绘图名称、计算结果函数类型等。

（3）New Custom Plot（新建定制图）：用户可按向导来创建新的结果图。

（4）Plot Properties（图像属性）：用于更改分析结果的显示属性。结果显示方式主要有：阴影、等值线、动画、比例等。

（5）Query Results（结果查询）：用于查询分析模型任意位置的分析结果。

（6）Plot Notes（加批注释）：可对分析结果做批注。

（7）Warpage Visualization Tools（翘曲结果查询工具）：用于查询模型翘曲分析结果的专门工具。

（8）Save Global Plot Properties（保存整体图形属性）：保存已更改过的图形属性。

（9）Save XY Plot Curve Data（保存XY图曲线数据）：将显示类型为XY图曲线的分析结果输出另存。

（10）Refresh（刷新）：对当前的结果绘图进行编辑操作之后，可以刷新当前绘图。

8. Report（报告）

模流分析完成之后，可以通过"Report"菜单自动生成图文并茂的分析结果报告，方便用户查看，如图2.24所示。

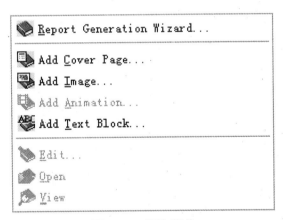

图 2.24　报告菜单

（1）Report Generation Wizard（报告生成向导）：引导用户按照步骤生成分析结果报告。

（2）Add Cover Page（添加封面）：可以对分析结果报告添加封面。

（3）Add Image（添加图片）：可以对分析结果报告添加图片。

（4）Add Animation（添加动画）：可以对分析结果报告添加动画。

（5）Add Text Block（添加文本块）：可以对分析结果报告添加文本块。

9. Tools（工具）

工具菜单如图2.25所示。

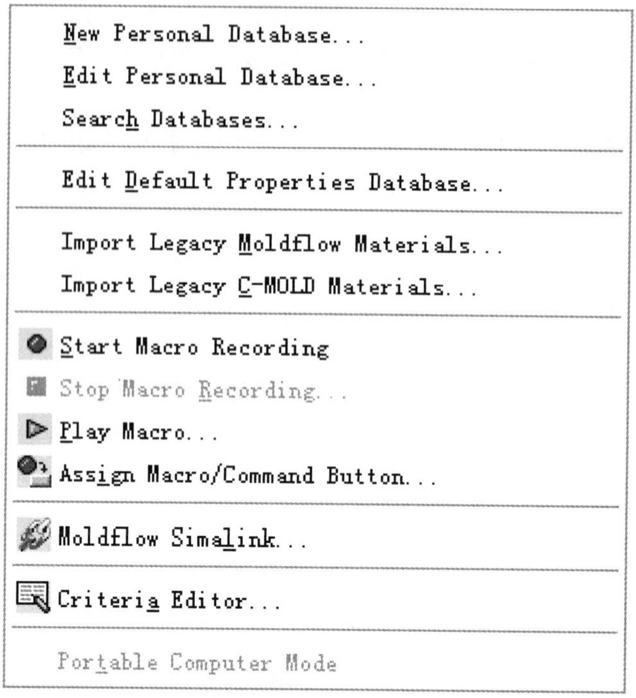

图 2.25　工具菜单

（1）New Personal Database（新建个人数据库）：可以创建新的个人数据库。

（2）Edit Personal Database（编辑个人数据库）：可以编辑个人数据库。

（3）Search Databases（搜索数据库）：可以搜索数据库，搜索类别主要包括材料、参数、工艺条件等。

（4）Edit Default Properties Database（编辑默认属性数据库）：用于对默认属性数据库进行导出、编辑、搜索等操作。

10. Window（窗口）

Window（窗口）菜单如图 2.26 所示，主要用来对模型显示窗口的显示模式进行编辑。

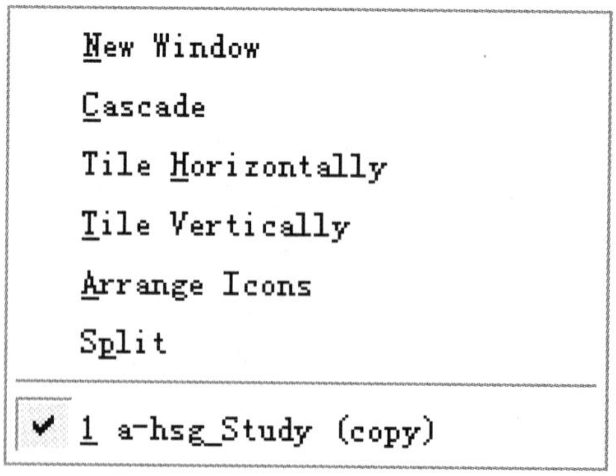

图 2.26　窗口菜单

（1）New Window（新窗口）：可以创建新的窗口。

（2）Cascade（层叠）：已经打开的分析方案以重叠的窗口方式显示。

（3）Tile Horizontally（水平平铺）：将已经打开的分析方案以水平分布的方式显示。

（4）Tile Vertically（垂直平铺）：将已经打开的分析方案以垂直分布的方式显示。

（5）Arrange Icons（排列图标）：可以重新布置分散零乱的窗口。

（6）Split（分割）：对当前的窗口进行分割。

2.2.3 工具栏

MPI 操作大多数命令位于工具栏中，在 View（视图）中已作出解释，后面也会陆续讲到详细的使用方法。

2.2.4 工程项目区

工程项目区如图 2.27 所示，其主要功能用于存放导入模型的分析方案，用户可以对各个方案进行重命名、复制、删除、查看属性等操作。

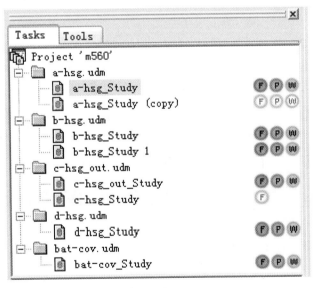

图 2.27　工程项目区

2.2.5 案例浏览区

案例浏览区位于工程项目区的下方，如图 2.28 所示，显示当前分析案例的状态，主要包括：导入的模型、网格、分析类型、原材料、浇注系统、冷却系统、工艺参数、分析结果等。

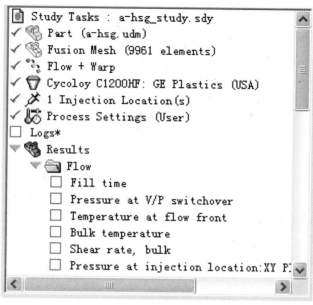

图 2.28　案例浏览区

2.2.6　图层管理区

图层管理区位于案例浏览区的下方，如图 2.29 所示，其主要功能用于存放分析案例中所有的实体元素，主要包括：分析模型的 IGS 或 UDM 等格式的文档、划分网格后生成的三角形和节点、建模生成的浇注系统及冷却系统单元杆等。用户可以进行新建图层、删除、激活、显示、赋予属性、设定图层等操作。

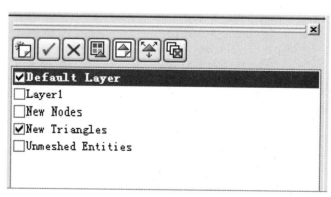

图 2.29　图层管理区

2.2.7　模型显示窗

模型显示窗位于整个界面的中央，用来显示分析模型或分析结果等，如图 2.30 所示。

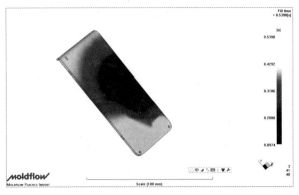

图 2.30 模型显示窗

2.3 Moldflow6.1 模流分析流程

一般情况下，Moldflow6.1 模流分析流程主要包括三大基本步骤：分析前处理、建模、分析后处理，如图 2.31 所示。

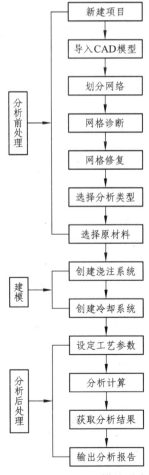

图 2.31 Moldflow6.1 模流分析流程

Moldflow6.1 模流分析流程包括 3 个主要的分析步骤：建立网格模型、设定分析参数、模拟分析结果。其中，建立网格模型和设定分析参数都是属于前处理的范围，模拟分析结果为后处理。

2.3.1 建立网格模型

建立网格模型包括新建工程项目、导入或新建 CAD 模型、划分网格以及网格检查与修复。导入或新建 CAD 模型时，通常要根据分析的具体要求，对模型进行一定的简化。

在 Moldflow 软件中，要新建一个分析模型，需要先建立一个工程项目，再新建一个 CAD 模型，或者利用通用数据格式导入利用 UG、Pro/E、CATIA 等 CAD 软件或 ANSYS、NASTRAN 等 CAE 软件建好的模型，然后对该模型进行网格划分。根据需要设置网络类型、尺寸等参数，对划分好的网格进行检查，删除面积为零和多余的网格，修复有缺陷的网格。

2.3.2 设定分析参数

设定分析参数包括选择分析类型、成型材料、工艺参数。

参数设置中首先要确定分析类型，根据分析的主要目的选择相应的模块进行分析。然后，在材料库中选择成型材料，或自行设定材料的各种物理参数。按照注射成型的不同阶段，设置相应的温度、压力和时间等工艺参数。

在选择分析类型之后，需要设定浇口的位置，有时还要创建浇注系统和冷却系统，并确定主流道、分流道、浇口的大小和位置，以及冷却管道的大小和位置等。

2.3.3 模拟分析结果

前处理完成后，就可以进行模拟分析计算了。

根据模型的大小、网格质量、分析类型的不同，分析时间的长短不一。在分析结束后，可以看到产品成型过程中的填充过程、温度场、压力场的变化和分布，以及产品成型后的形状等信息。

【本章小结】

本章主要介绍了 Moldflow 的基本情况；详细讲解了 Moldflow6.1 的操作界面，包括：标题栏、菜单栏、工具栏、工程项目区、案例浏览区、图层管理区、模型显示窗、状态栏等，相应的使用方法后面章节会更详细地介绍；最后介绍了 Moldflow6.1 模流分析流程，使用用户能更好地掌握模流分析的方法。

3　塑件的浇口位置分析

【内容提要】

本章是以翻盖手机中的翻盖前壳为案例，模型如图 3.1 所示。介绍 MPI 中 Gate Location（浇口位置）的相关分析内容，通过 MPI 的模流分析，确定产品合理的浇口位置。

（a）外表面　　　　　　　　　　　　　　（b）内表面

图 3.1　翻盖前壳模型

【知识目标】

（1）了解导入 CAD 模型的方法。
（2）掌握产品网格划分的方法。
（3）掌握 MPI 中 Gate Location（浇口位置）分析的流程。
（4）分析产品合理的浇口位置。

【学习重点】

熟练掌握塑件浇口位置分析的方法。

【知识建构】

3.1　浇口位置设计理论知识

在注塑模具中，浇口是连接流道与型腔之间的一段细短通道，它是模具浇注系统的关键部位。无论采用什么形式的浇口，其开设的位置对产品的成型性能及成型质量影响均很大，因此，合理选择浇口位置是提高产品成型质量的重要环节。一般在选择浇口位置时，需要根据塑料的结构工艺及特征、成型质量，综合分析塑料熔体在型腔内的流动特性、成型条件等因素。选择产品的浇口位置时，一般遵循以下几个原则：

（1）尽量缩短流动距离。

浇口位置的选择应保证塑料熔体迅速、均匀地填充模具型腔，尽量缩短熔体的流动距离，这对大塑件更为重要。

（2）浇口应选择在产品厚壁处。

当塑件的壁厚相差较大时，若将浇口选择在产品的薄壁处，塑料熔体进入型腔后，不但流动阻力大，且易冷却，以致影响熔体的流动距离，难以保证其充满整个型腔。另外，从保压补缩的角度考虑，产品最厚的部位通常是塑料熔体最晚固化的地方，若浇口设在薄壁处，则厚壁处因液态体积收缩得不到补缩而形成表面凹陷或真空泡，因而产生翘曲变形。因此，为保证塑料熔体的充模流动性，也为了有利于压力有效地传递和容易补缩，一般浇口的位置应选择在产品壁厚最厚处。

（3）必须尽量减少或避免产生熔接痕。

由于产品结构或浇口位置的原因，塑料熔体充模时会造成两股或多股熔体的汇合，汇合处会形成熔接痕。熔接痕会降低产品的强度，并影响外观质量。所以选择浇口位置时，应该尽量减少或避免产生熔接痕。

（4）浇口位置应有利于排气。

要避免从容易造成气体滞留的方向开设浇口。不良的排气，不仅会造成积气、欠注、烧痕等质量缺陷，而且会导致较高的注塑和保压压力。

（5）不在承受弯曲或冲击载荷的部位设置浇口。

一般产品的浇口附近强度最弱，产生残余应力或变形的附近只能承受一般的拉伸力，而无法承受弯曲和冲击力。

（6）浇口位置的选择应注意产品的外观质量。

浇口位置的选择除保证成型性能和产品的使用性能外，还应注意外观质量，即选择不影响产品商品价值的部位和容易处理浇口痕迹的部位开设浇口。

3.2　翻盖手机前壳的浇口位置分析

本章案例中的产品是翻盖前壳，一般来说，手机面板的品质要求是相当高的，因此浇口位置的选择相当重要，结合本案例的实际情况并综合考虑上述六大原则，翻盖前壳浇口位置的选择应该保证以下几个基本要求：

（1）较高的外观表面质量。

（2）较高的产品强度。

（3）熔体流动的平衡性。

为了满足以上3个要求，我们可以通过MPI软件中Gate Location（浇口位置）分析模块，通过分析可以帮助我们找到比较合理的浇口位置，获得Gate Location的分析结果后，可进行下一步的流动（flow）分析，通过分析结果，找到一个更加合理的浇口位置。当然，MPI分析的浇口位置并不一定是最终的设计结果，但它对设计会提供很好的参考价值，要在MPI软件中做Gate Location分析，需要完成的分析前处理主要包括：

（1）翻盖前壳模型的导入。

（2）有限元网格的划分（网格的修复后续介绍）。

（3）原材料的选取。

（4）注塑工艺参数的设定（初学者可使用默认参数，后续会详细说明）。

3.2.1 模型的导入

操作步骤如下：

（1）打开 MPI 软件，创建一个新的 Project（项目）。选择"File"（文件）→"New Project"（新项目）命令，此时系统会弹出如图 3.2 所示的对话框，在"Project"处输入项目名称"Fg_qianke"，默认的创建路径是 MPI 的项目管理路径，也可以自己选择创建路径，然后单击"OK"按钮。

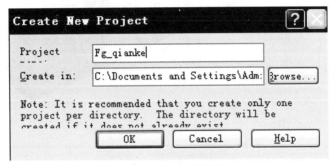

图 3.2 创建新项目

（2）在 Fg_qianke 项目中导入翻盖前壳源文件中的 fg_qianke.udm。选择"File"（文件）→"Import"（导入）命令，在弹出的对话框中选择"fg_qianke.udm"文件，再单击"打开"按钮，如图 3.3 所示。

图 3.3 导入 udm 格式文件

拓展知识： MPI 可以读入的格式文件包括：igs、ans、udm、bdf、stl、out、pat 等，其中以 udm、igs、stl 最为常用。

（3）在自动弹出的导入对话框中，选择 Fusion（表面网格）类型，单击"OK"按钮，导入翻盖前壳的模型，此时 MPI 操作界面如图 3.4 所示。

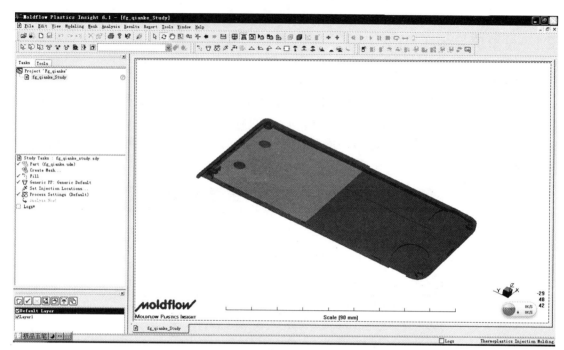

图 3.4 导入模型后的 MPI 操作界面

3.2.2 划分网格

模型网格的划分是做 MPI 分析的基础，网格划分的好坏影响着分析的精度。

操作步骤如下：

（1）选择"Mesh"（网格）→"Generate Mesh"（生成网格）命令，会弹出如图 3.5 所示的生成网格对话框，在"Global edge length"（网格全局边长）处输入 2 mm，其他参数不变，单击"Generate Mesh"按钮。

问题： 网格边长为什么要设为 2 mm?

回答： 确定网格边长的标准是能够保证分析的精度，能够完整体现模型的细微特征。通常情况下，网格的边长值为产品最小厚度的 1.5 ~ 2 倍。这样能够基本保证分析的精度，网格长度越小，划分的就越细，所得到的分析结果就越接近于塑胶在模具型腔内实际的流动状态，得到的细节信息也越多，但是分析模型的修改程度和系统的计算量都会大大提高，所以网格边长要设定一个合理值。

此翻盖前壳的最小厚度为 1.2 mm，因此网格边长设为 2 mm。

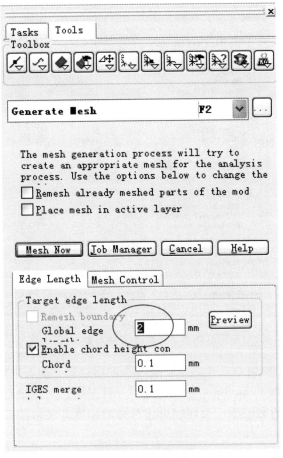

图 3.5　生成网格

（2）MPI 系统生成的网格如图 3.6 所示，选择"Mesh"（网格）→"Mesh Statistics"（网格统计信息），弹出如图 3.7 所示的对话框。

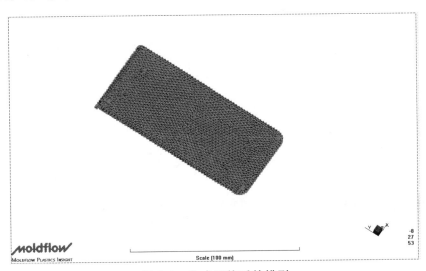

图 3.6　生成网格后的模型

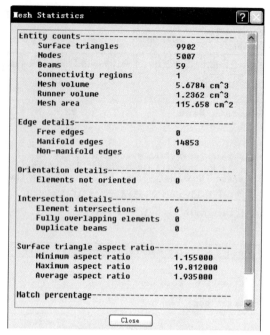

图 3.7　网格统计信息

注意：一般情况下，网格自动生成后，会存在网格缺陷，读者需要手动对网格进行修复，但在本案例中，做的 Gate Location（浇口位置）分析模块，网格缺陷不会影响分析结果，所以暂不用修复，在后续的案例中，会详细讲述网格的修复方法与技巧。

3.2.3　分析类型的选择

划分好模型的网格之后，根据如图 3.8 所示的 Study Tasks（分析任务）窗口中的顺序，接下来要选择分析类型。默认情况下，分析类型是 Fill（填充）分析，在本案例中要选择 Gate Location（浇口位置）分析模块。

选择"Analysis"（分析）→ "Set Analysis Sequence"（设定分析顺序）→ "Gate Location"（浇口位置）命令，设定后的结果如图 3.9 所示。

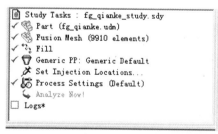

图 3.8　原分析任务

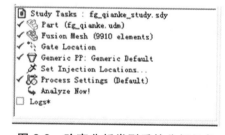

图 3.9　改变分析类型后的分析任务

问题：两者的区别在哪里？
回答：（1）分析类型不一样。

（2）Gate Location（浇口位置）分析不需要设定进浇点。

（3）图 3.8 中的 Analyze now 还是失效的，而图 3.9 中则不是，这表明图 3.9 已经可以进行分析了。

拓展知识：MPI6.1 为用户提供了几种分析类型，每一种分析类型的分析结果各不相同，用户可以根据分析需要选择相关的分析类型，所以了解每种分析类型的分析目的和能得到的结果，可以为选择有针对性的分析提供依据。各分析类型及组合如图 3.10 所示，相关说明如下：

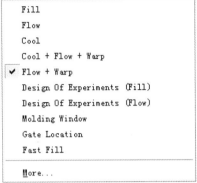

图 3.10　分析类型

（1）Fill（填充分析）：模拟塑料熔体从喷嘴进入模具型腔开始到充满型腔的填充过程，计算从注射点开始，塑料熔体流动前沿在型腔的位置。根据模拟结果，可以得到塑料熔体在型腔中的填充结果，从而为判断浇口位置、浇口数目、工艺参数等是否合理提供可靠的依据。

（2）Flow（填充+保压分析）：模拟塑料熔体在型腔中的充模和保压过程，从而得到最佳的保压阶段设置，最大限度地降低由保压引起的塑件收缩和翘曲等缺陷。

（3）Cool（冷却分析）：模拟塑料熔体在模具内的热量传递情况，从而可以判断塑件冷却效果的优劣，优化冷却系统的设置，缩短塑件的成型周期，提高塑件成型的质量。

（4）Warp（翘曲分析）：模拟塑件成型过程中发生翘曲变形的情况，找出发生翘曲变形的原因，从而优化模具设计和注塑工艺参数，以得到高质量的塑件。

（5）Gate Location（浇口位置分析）：寻找塑件最佳的浇口位置，避免由于浇口位置设置不当引起后续分析失真或塑件质量缺陷。

（6）Molding Window（成型窗口分析）：主要作用是获取合理的工艺条件。

（7）Design of Experiments（Fill）（实验设计填充分析）：简称 DOE，主要通过实验设计的方法，优化工艺参数，提高成型质量。

3.2.4　材料的选择

根据 Study Tasks（分析任务）窗口中的流程顺序可知，设定分析类型之后，接下来就是选择原材料的工作。

MPI 默认状态下的原材料是 PP 料（聚丙烯），如图 3.9 所示。一般来说，在手机面板生产中，通常采用 ABS+PC 合金料，本书的案例中，统一选取 GE Plastics（USA）公司的 ABS+PC 合金料，牌号为 Cycoloy C1200HF。

问题：手机面板为什么通常采用 ABS+PC 合金料？

回答：原材料的选择是由手机的使用环境和成型条件所决定的，PC 料的耐磨性能好，硬度高；但 PC 料的黏度高，流动性不好。而 ABS 的流动性较好，不耐磨，硬度相对较低，两者的混合解决了各自的不足，所以通常采用 ABS+PC 合金料。

操作步骤如下：

（1）选择"Analysis"（分析）→"Set Material"（选择材料）命令，弹出如图 3.11 所示的对话框，再单击"Search"，弹出如图 3.12 所示的对话框。在 Manufacture（制造商）和 Trade Name（产品牌号）分别选择 GE 和 Cycoloy C1200HF，单击"OK"按钮。

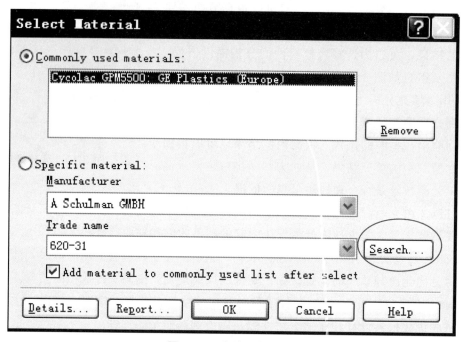

图 3.11　查找原材料 1

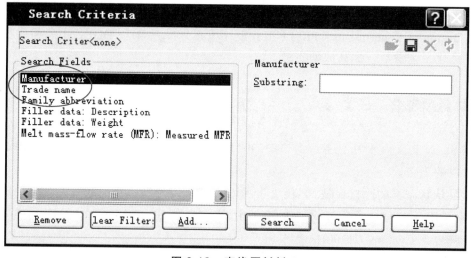

图 3.12　查找原材料 2

（2）选择材料后，在分析任务窗口中，材料栏显示所选材料为 Cycoloy C1200HF：GE Plastics （USA），如图 3.13 所示。

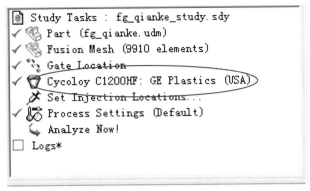

图 3.13　材料选择完成

拓展知识：查看材料属性，选中案例浏览区显示的材料 Cycoloy C1200HF：GE Plastics（USA），单击右键，选择"Details"（详情）命令，弹出如图 3.14 所示的"热塑性塑料"属性对话框。

Thermoplastics material

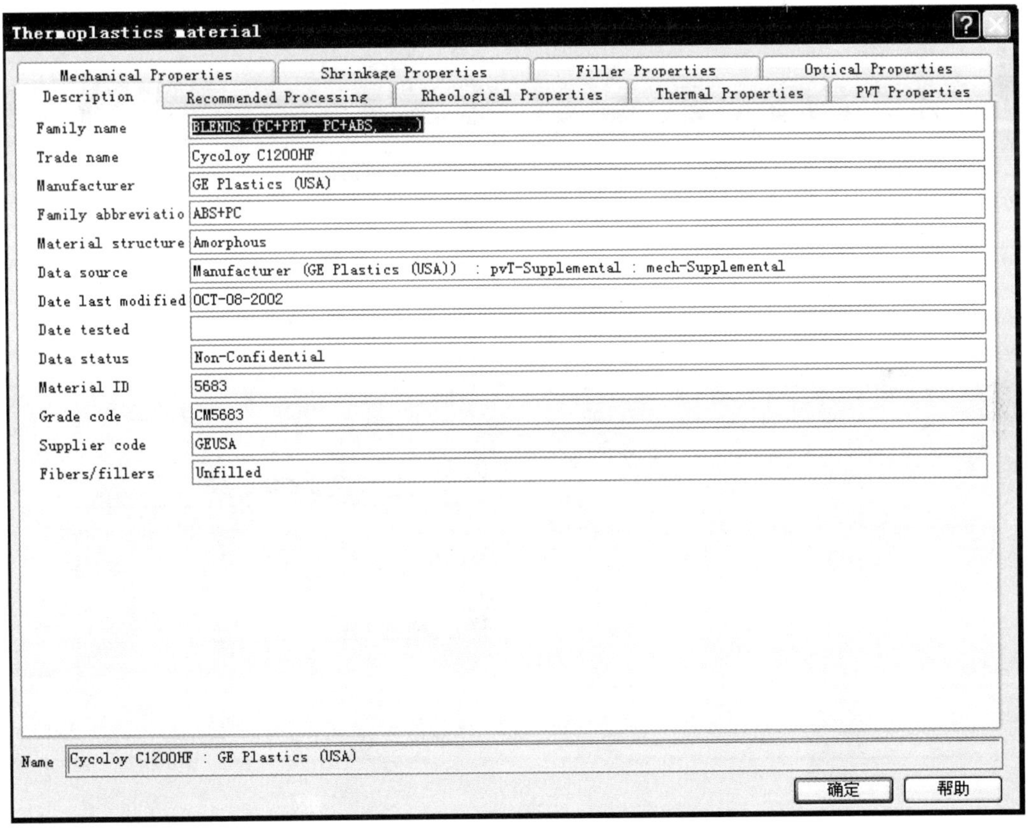

图 3.14　"热塑性塑料"属性对话框

查看材料详细信息可知，材料详细信息主要包括 9 项内容：Description（描述）、Mechanical Properties（机械属性）、Shrinkage Properties（收缩属性）、Filler Properties（填充属性）、Optical Properties（光学属性）、Recommended Processing（推荐工艺）、Rheological Properties（流变属性）、Thermal Properties（热属性）、PVT Properties（压力、体积、温度属性）。

（1）Description（描述）：图 3.14 为 Cycoloy C1200HF 的基本描述。

① 系列：材料大类，如 BLENDS（PC+PBT，PC+ABS，...）。

② 牌号：材料的牌号，如 Cycoloy C1200HF。

③ 制造商：如 GE 塑料，产地美国。

④ 材料名称缩写：如 ABS+PC。

⑤ 材料类型：定义所选材料结构是结晶态还是非结晶态。

⑥ 数据来源：描述所选材料的数据来源。

⑦ 最后修改日期：数据最后一次修改的时间。

⑧ 测试日期：材料最早测试的时间。

⑨ 数据状态：显示数据处于保密状态。

⑩ 材料 ID：显示材料在 Moldflow6.1 材料库中的唯一编号。

⑪ 等级代码：显示材料在 Moldflow6.1 材料库中的等级代码。

⑫ 供应商代码：显示材料的供应商代码。

⑬ 纤维/填充物：显示材料是否含有纤维或填充物。

（2）Mechanical Properties（机械属性）：图 3.15 为"机械属性"选项卡，包括的内容如下：

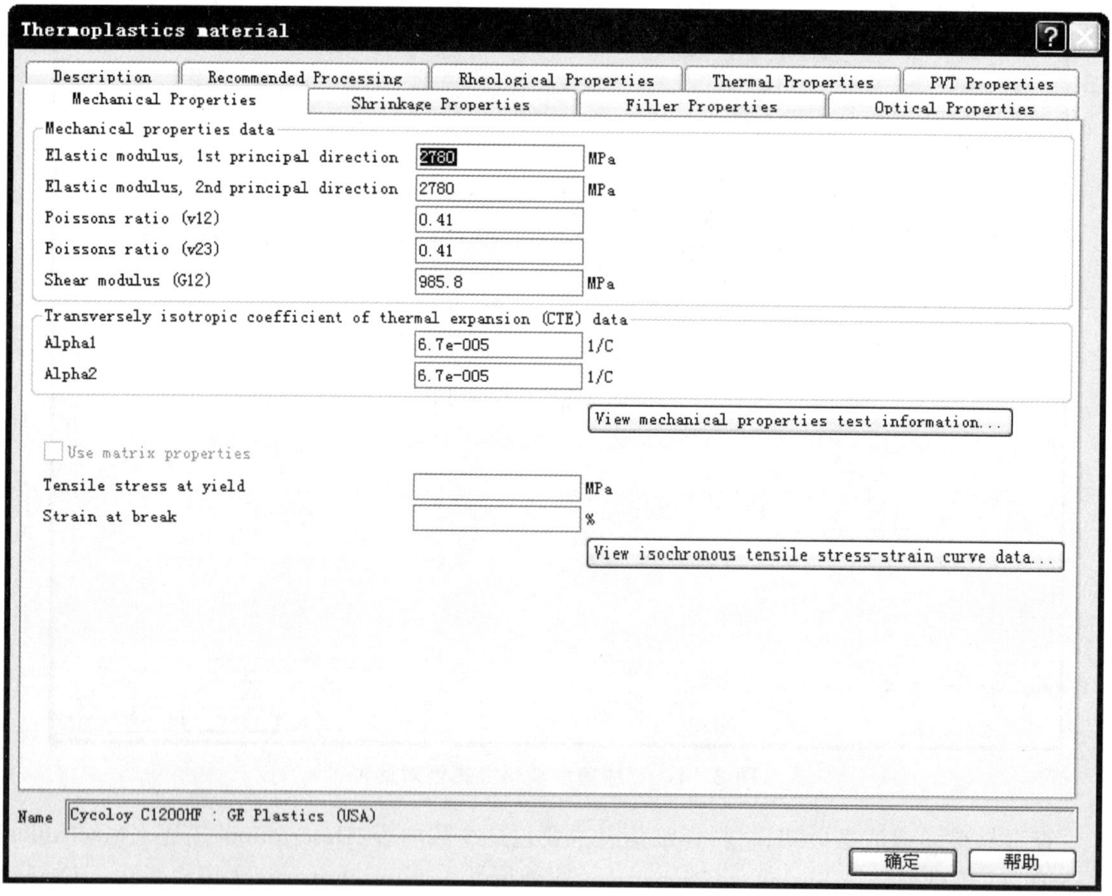

图 3.15 "机械属性"选项卡

① 弹性模量，第一主方向（E1）。

② 弹性模量，第二主方向（E2）。

③ 泊松比（v12）：在 v12 主剪面上的泊松比（v12）。

④ 泊松比（v23）：在 v23 主剪面上的泊松比（v23）。

⑤ 剪切模量（G12）：在 G12 面上的剪切模量（G12）。

⑥ Alpha1：材料沿流动方向的热膨胀系数。

⑦ Alpha2：材料沿与流动方向垂直的热膨胀系数。

其中，弹性模量 E1 和 E2 分别代表了流动方向与垂直于流动方向的弹性模量值。E1 和 E2 值相差越小，塑件越不容易收缩，也越不容易翘曲变形。非结晶型材料的 E1 和 E2 有时相差达数倍。Alpha1 和 Alpha2 的数值不同造成了塑件的翘曲变形，对于半结晶性材料尤为明显。

（3）Recommended Processing（推荐工艺）：图 3.16 为推荐的成型工艺条件信息。

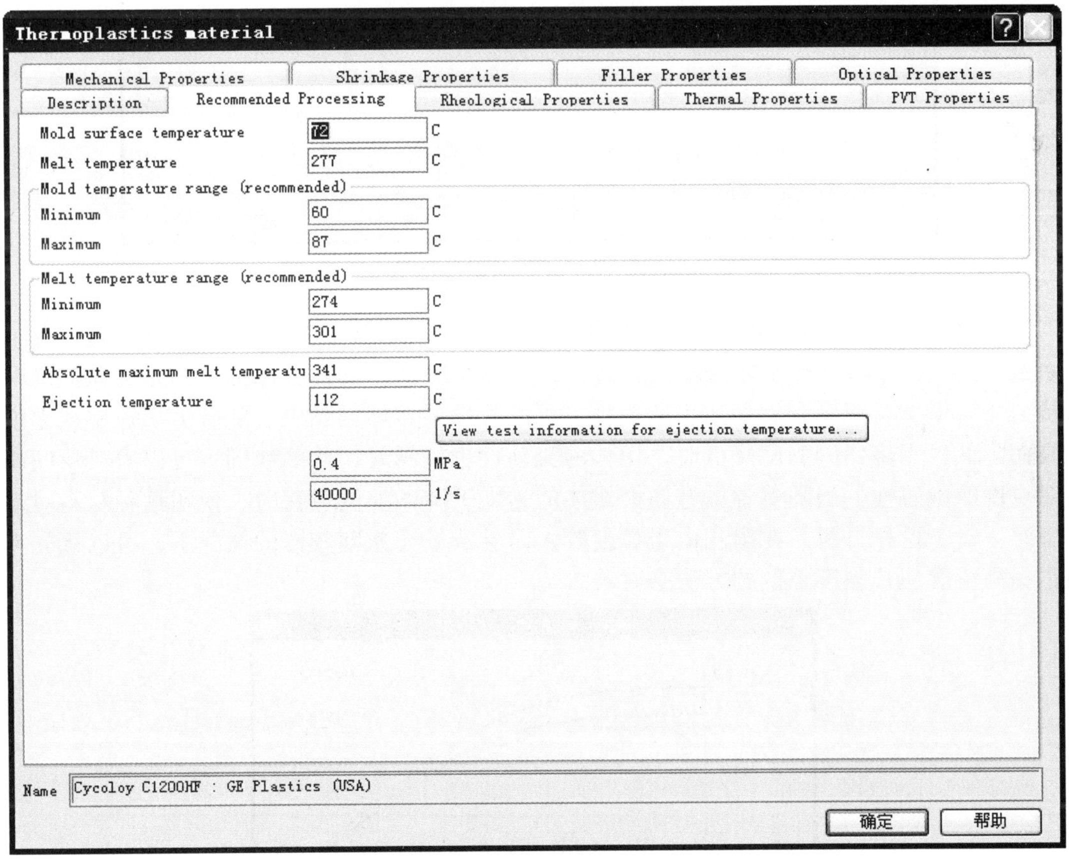

图 3.16　推荐的成型工艺条件

推荐工艺是 MPI6.1 根据该材料的特性向用户推荐的成型工艺条件，对用户在分析中设定工艺参数具有重要的参考价值。推荐的成型工艺条件主要包括：模具温度、熔体温度、推荐的模具温度（最小值和最大值）、推荐的熔体温度（最小值和最大值）、绝对最大熔体温度、顶出温度、最大剪切应力、最大剪切速率。

（4）Rheological Properties（流变属性）：流变属性和热属性是材料两大重要的性能指标。图 3.17 为材料的流变属性，具体信息主要包括：默认的黏度模型、转变温度等内容。

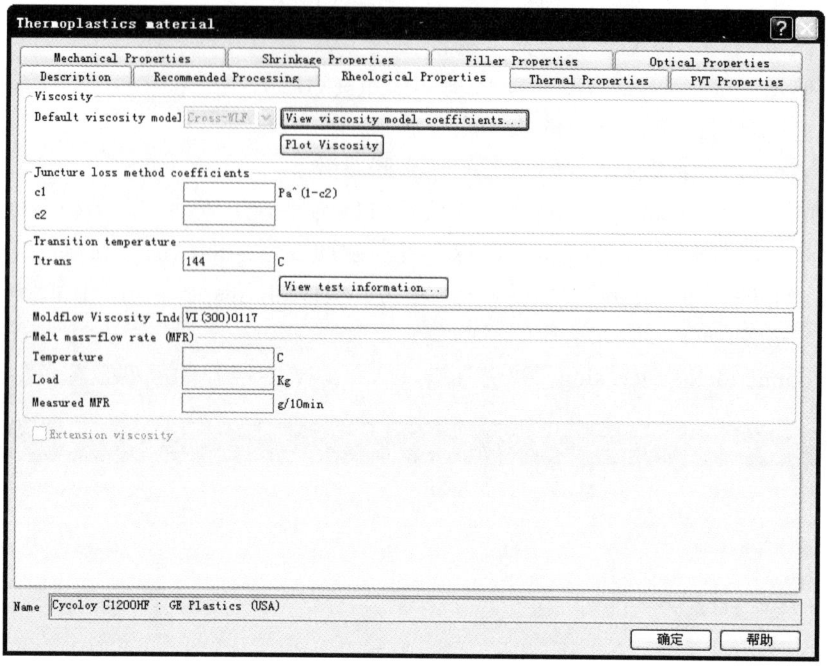

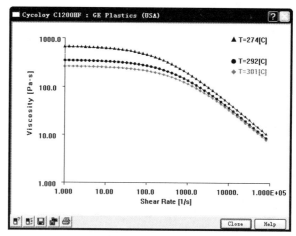

图 3.17　材料的流变属性

对于材料 Cycoloy C1200HF，默认的黏度模型为 Cross-WLF。单击右边的"查看黏度模型系数"按钮，可以查看该黏度模型的系数，如图 3.18 所示的曲线图描述的是熔体流动时的抵抗力（黏度）与温度和剪切速率的关系。可以看出，熔体的黏度会随着剪切速率或温度的升高而降低。当熔体的黏度降低时，熔体的流动性也就越好，此曲线图也可以直接反映出材料对温度的敏感性，当随着温度升高而熔体的黏度下降的速度较快时，说明这种材料对温度较敏感。对于这种材料，在出现由于黏度较大而导致填充速度较慢的情况下，可以优先考虑通过提高温度使其黏度降低的方法来改善。

图 3.18　材料黏度曲线图

（5）Thermal Properties（热属性）：图 3.19 为材料的热属性。

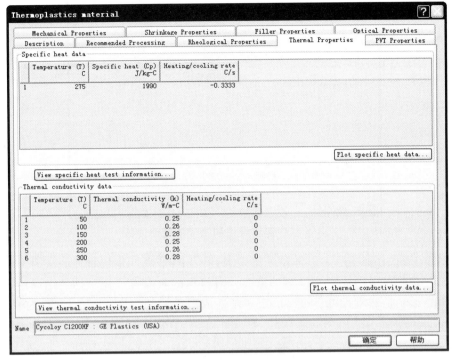

图 3.19　材料的热属性

　　在"热属性"中，描述了比热容数据，列出了该材料在不同温度下的比热容和加热或冷却的速率。单击"Plot specific heat data"（绘制比热容数据）按钮，可以从图 3.20 直观地看到该材料的比热容随温度的变化。在"热属性"对话框的下半部分则描述了材料的热传导数据，单击"Plot thermal conductivity data"（绘制热传导数据）按钮，可以从图 3.21 中直观地看到材料的热传导率随时间的变化。

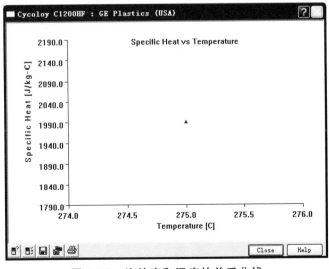

图 3.20　比热容和温度的关系曲线

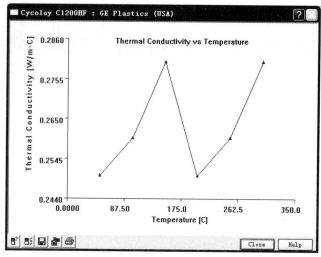

图 3.21　热传导率和温度的变化曲线

（6）PVT Properties（压力、体积、温度属性）：PVT 属性是指材料的压力、体积、温度属性，这 3 个参数对塑料成型来说至关重要，对材料的收缩性、流动性、结晶性、热敏性等方面的性质的影响是非常大的，直接决定了塑件成型质量的好坏。图 3.22 为"PVT 属性"选项卡。

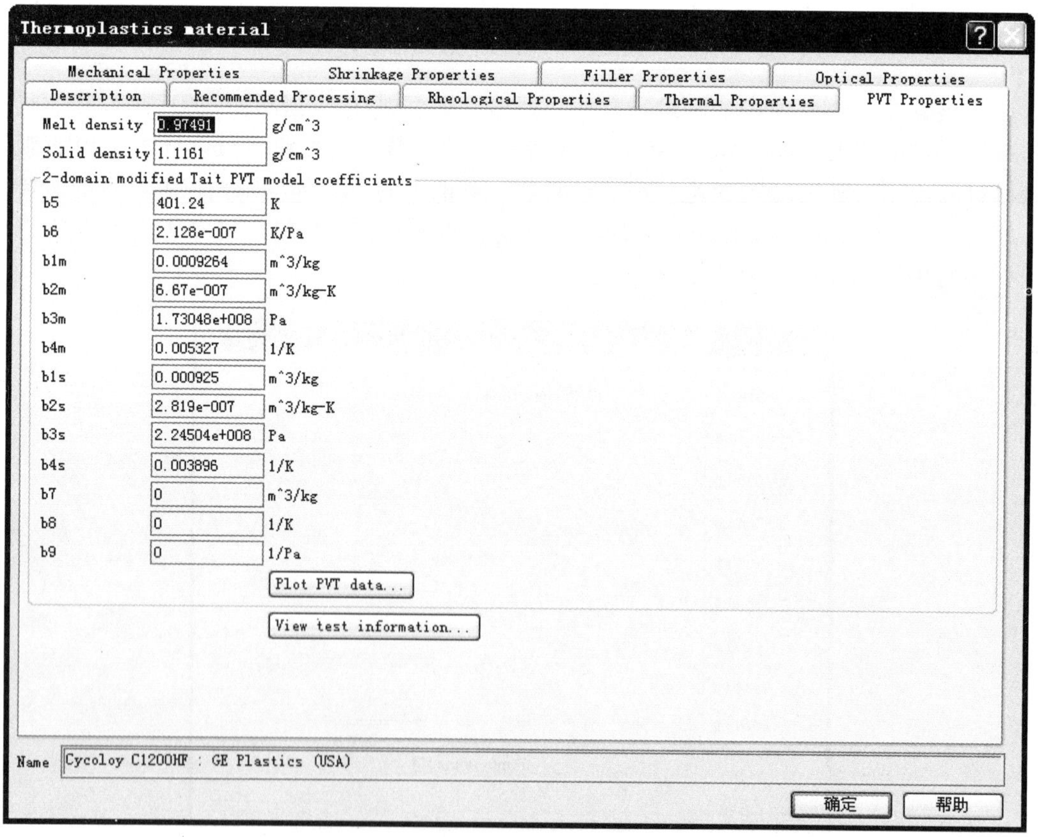

图 3.22　"PVT 属性"选项卡

图 3.23 所示的曲线图描述的是塑料随着温度和压力的变化而发生变化的情况。在填充及保压阶段，料温相对较高，塑料随着温度的升高而膨胀；在冷却阶段，塑料随着温度的降低而收缩。根据图 3.23 所示的曲线，在温度一定的情况下，随着压力的升高，塑料的膨胀量呈下降的趋势，由此说明较高的压力可以控制塑料的收缩。

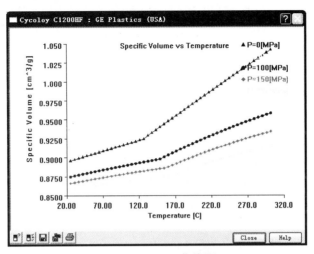

图 3.23　PVT 曲线图

（7）Shrinkage Properties（收缩属性）：图 3.24 为材料的"收缩属性"选择卡，主要包括收缩模型、测试平均收缩率、测试收缩率范畴和收缩成型摘要 4 个方面的数据。

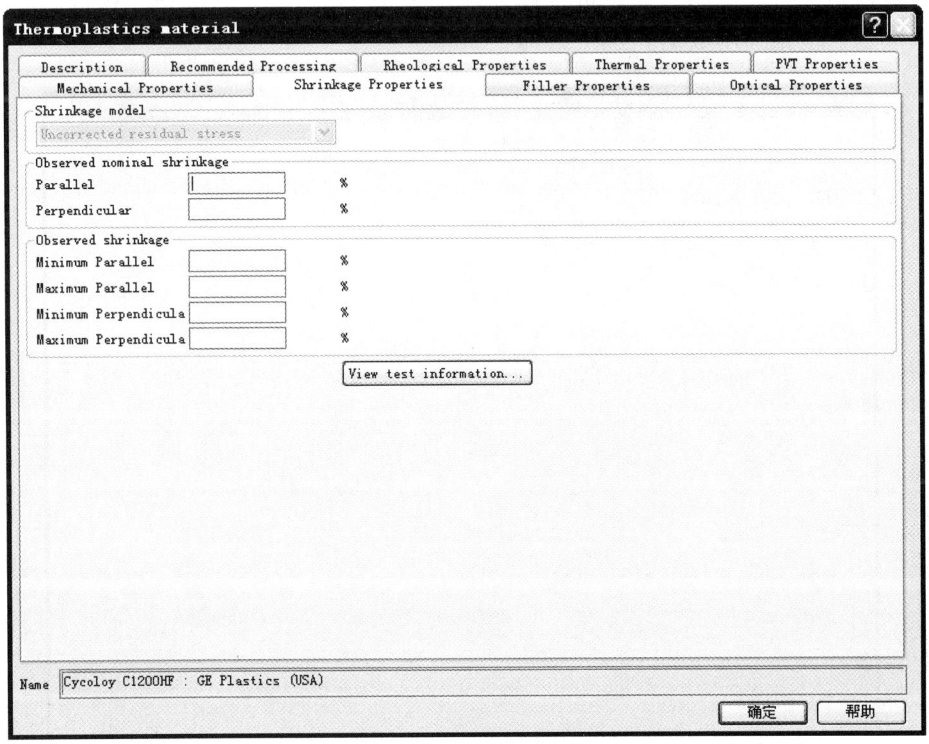

图 3.24　"收缩属性"选项卡

① 收缩模型。

未修正残余应力模型：当没有材料收缩数据时没有选择此项。此时，流动分析将根据塑件成型周期中的流动和热历史预测塑件内的残余应力值。

修正后的模具内部残余应力模型：当进行材料的收缩测试时，默认此项。这种模型的精确度很高，因为它把流动分析预测和实际试验得到的收缩值结合起来分析。

残余应力模型：当 CRIMS 模型中有关材料收缩的信息不足时，选用此项。

② 测试平均收缩率。

平行：显示材料在流动方向上的名义收缩率。

垂直：显示材料在与流动方向垂直方向上的名义收缩率。

③ 测试收缩率范围。

最小平行：显示材料沿流动方向的最小实测收缩率。

最大平行：显示材料沿流动方向的最大实测收缩率。

最小垂直：显示材料沿与流动方向垂直的最小实测收缩率。

最大垂直：显示材料沿与流动方向垂直的最大实测收缩率。

④ 收缩成型摘要。

显示材料熔体温度、模具温度等信息。

（8）Filler Properties（填充属性）：图 3.25 为材料的填充物属性信息。如果材料有填充物，图 3.25 所示的"填充物属性"对话框会显示相应的填充物信息。本章选择的材料为 Cycoloy C1200HF，没有填充物，因此，单击其填充物的"Details"（细节）按钮，所有信息都是空的。填充物信息包括对填充物的描述、负量百分比、密度、比热容、热导率、机械属性数据、热扩散系数数据、抗张强度数据。

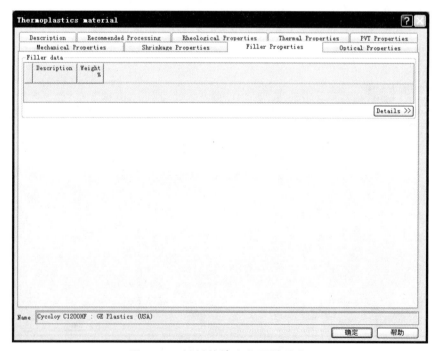

图 3.25　材料的填充物属性信息

（9）Optical Properties（光学属性）：图 3.26 为材料的光学属性信息。

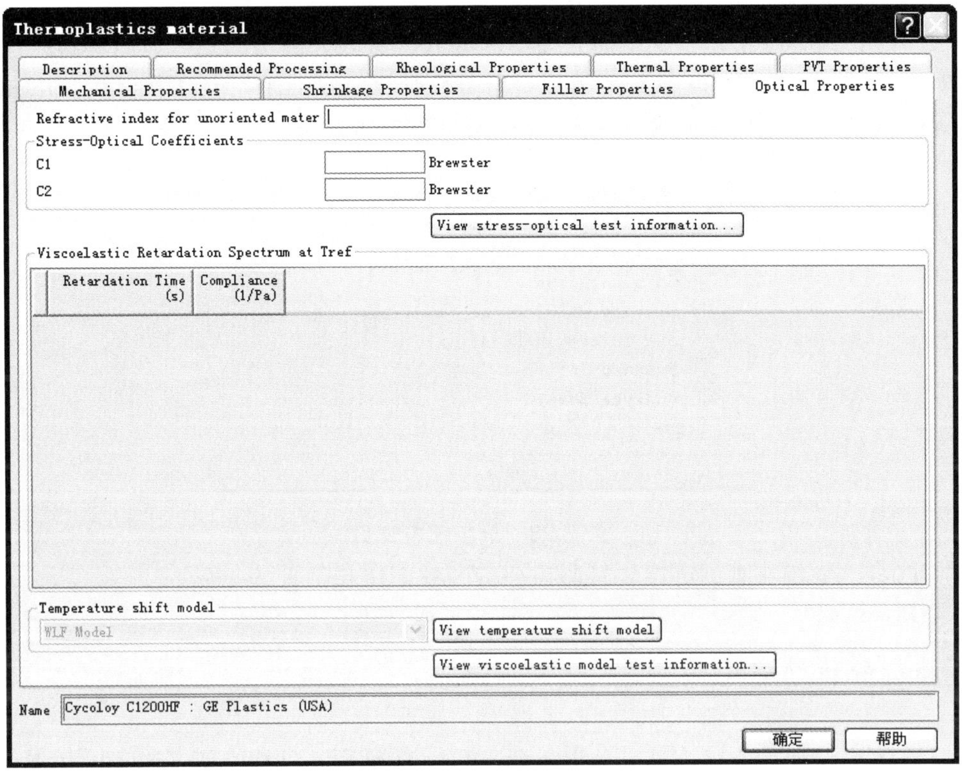

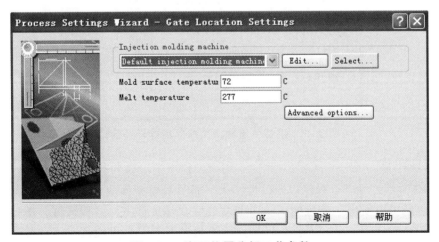

图 3.26　材料的光学属性信息

3.2.5　工艺参数的设置

做 Gate Location（浇口位置）分析，通常采用 default（默认）参数，如图 3.27 所示，而关于其他参数的意义，将在后续案例中详细介绍，这里暂不讲述。

图 3.27　浇口位置分析工艺参数

3.2.6 分析计算

完成了分析前处理工作（翻盖前壳模型的导入、有限元网格的划分、原材料的选取以及工艺参数的设定）之后，MPI 系统便可以进行分析计算，双击任务窗口中的"Analyze Now!"系统开始分析计算，分析任务窗口 Study Tasks 如图 3.28 所示。

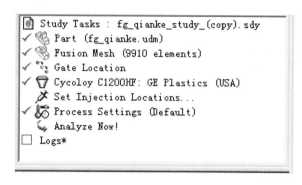

图 3.28　分析任务窗口

通过 Logs（分析日志）可以实时监控分析的整个过程信息。

3.2.7　查看分析结果

浇口位置分析完成之后，可以发现，在分析任务窗口，自动生成"Result"（结果），如图 3.29 所示。在"Best gate location"前面打"√"，即可查看到浇口位置分析的直观效果图，如图 3.30 所示，下面对浇口位置分析结果进行解读。

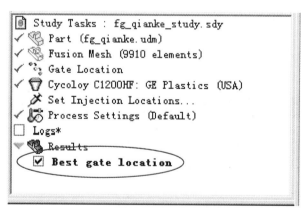

图 3.29　浇口位置分析完成之后的任务窗口

1. 浇口匹配性

如图 3.30 所示，可以查看浇口匹配性结果，显示了模型各位置处的浇口匹配性位置。根据图中的颜色条可以看出，蓝色的区域匹配性最好，是最佳浇口位置区域，浇口设在蓝色区域可以改善产品的成型质量，而红色区域匹配性最差，是最差进浇区，浇口基本上不设置在红色区域，其他位置匹配性处于过渡区域。

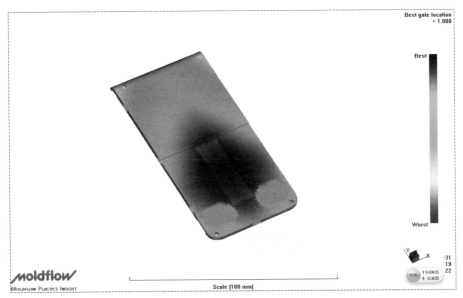

图 3.30　最佳浇口位置

2. 最佳进浇点查询

在分析结果列表中的 "Logs" 前面打 "√"，查看 MPI 分析结果日志，系统以文字的形式给出最佳浇口位置的分析结果，如图 3.31 所示。

```
Match data was computed using the maximal-sphere algorithm

    Maximum design clamp force                =       5600.18 tonne
    Maximum design injection pressure         =       144.00 MPa
    Recommended gate location(s) are:
        Near node                             =       2196

Execution time
    Analysis commenced at          Sun Sep 29 19:21:01 2013
    Analysis completed at          Sun Sep 29 19:21:55 2013
    CPU time used                  53.08 s
```

图 3.31　分析结果的文字表达

从图 3.31 可知，Recommended gate location（s） are: Near node = 2196，推荐的浇口位置在节点 N2196。直接在 "查询实体" 对话框选择栏中输入节点为 N2196，N2196 会以红色显示在模型上（前提是要打开图层中的节点）。

3. 浇口位置结果查询

选择 "Results"（结果）→ "Query Result"（查询结果）命令，或者直接选择工具栏中的 🔲（检查结果）按钮，单击模型上的目标位置，就可以看到相应的分析结果。如果需要对多处位置进行结果查询和比较，按住键盘上的 "Ctrl" 键不放，在对应的分析结果绘图模型上单击，便可以同时显示多处分析结果，如图 3.32 所示。当某个位置的因子为 1 或者接近于 1 时，表示这个位置是最佳的浇口位置。因子值越小，浇口匹配性越差，即浇口位于这个位置的可能性越小。

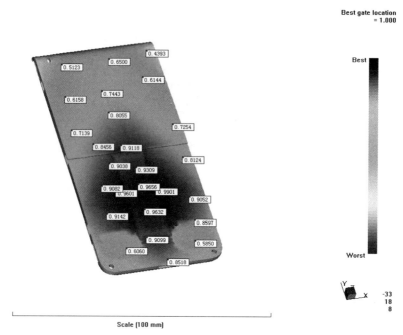

图 3.32　浇口位置查询

【本章小结】

本章以翻盖手机中的翻盖前壳为分析案例，介绍了浇口位置设计的基本原则；详细介绍了 MPI 中 Gate Location 的相关分析内容；通过 MPI 的浇口位置分析，确定了塑件合理的浇口位置。

4 塑件的流动分析

【内容提要】

本章以翻盖手机中的翻盖后壳为案例，模型如图 4.1 所示。通过实例介绍了 MPI 中的网格修复工具的使用，并详细介绍了手动创建浇注系统的方法和技巧，最后运用 MPI 模拟塑料熔体在型腔的流动行为，获得流动分析结果，并对分析结果进行解释。

图 4.1　翻盖后壳模型

【知识目标】

（1）掌握网格修复工具的使用方法与技巧。
（2）掌握浇注系统的创建方法。
（3）理解主要的流动分析结果。

【学习重点】

（1）掌握网格修复的方法。
（2）掌握创建分析模型的浇注系统。

【知识建构】

4.1　塑料熔体流动行为及设计原则

注塑成型是一种把高分子材料制成复杂形状的产品的成型工艺，整个过程包括材料的加热、充模、材料在模具中的冷却及产品的顶出等工艺。在此过程中有上百个参数变量，这些参数变量可以大致分为两组：机器参数变量和高分子材料参数变量。机器参数变量是可以在注塑机上设置和调整的，材料参数变量直接出材料的特性决定。例如，料筒温度是机器变量，但材料实际的熔融温度是材料变量。MPI 主要是依据材料特性工作的，集中关注高分子材料在注射时的流动行为、冷却及最终的形状，或产品从模具中顶出后的变形翘曲情况。

4.1.1 熔体的流动行为

成型阶段是从塑料分子角度来看整个注射成型周期，以下是简要说明。

1. 填充阶段

材料经高温加热熔融后进入模具，在速度的控制下填充模具，模具刚好充满时填充阶段结束。填充时，材料进入模腔，凝固并黏在模壁上，材料以喷泉形式向前填充，由于剪切作用产生热量。

2. 保压阶段

模腔填充满时，螺杆在压力作用下仍向前推动，由于材料的收缩，螺杆还可以继续向前移动一段时间，到填充末时刻最大压力出现时，增压阶段结束。材料的流动与填充阶段很相似，但凝固层迅速加厚，流动速度迅速降低。

3. 补偿阶段

此阶段机器螺杆由压力控制继续向前移动，额外的料被挤入模腔，以补偿塑料在熔融料温状态与室温固态之间的体积差。在补偿阶段，由于温度不稳定，所以流动也不稳定，这将导致产品局部取向性较强，可能引起翘曲。

4.1.2 MPI 设计原则

1. 流动平衡

模具中所有的流动路径应该是有相同的压力，同一时间填充完成。对于多模腔模具，所有模腔都是同时填充完。在产品内部也是这样，所有的填充末端都同时完成。

在注塑模具中，主要有两种类型的流道系统：自然平衡或几何平衡流道、人工平衡流道。如图 4.2 所示，自然平衡流道系统中从喷嘴到每个模腔的流动长度都是相同的。通常这种流道系统比人工平衡流道系统有更广的成型窗口。

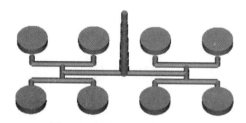

图 4.2　自然平衡流道系统

人工平衡流道通过改变流道的大小来达到平衡，这对于流道平衡非常有用，且流道体积比自然平衡流道要小。但是由于改变了流道的大小，成型窗口就变得更小，图 4.3 是一个实际示例。

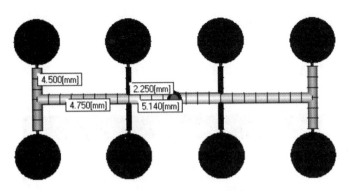

图 4.3　人工平衡流道系统

2. 恒定的压力梯度

填充过程中，整个产品上的压力梯度应该是均匀的。在填充开始阶段，压力是梯度分布的，然而问题出在填充末端，产品以辐射状填充，当波前碰到侧壁角落时，流动波前开始收缩，相应的压力梯度出现轻微的增大，最大的梯度出现在 3 个角落填充完而只剩下右上角时。流动率是恒定的，压力梯度反映了流动平衡的情况，或者说它指示了注射速度曲线应该如何设定。

3. 最大剪切应力

产品上的最大剪切应力应该低于材料数据库中所显示的材料最大允许极限值。极限值约等于材料拉伸强度的 1%，剪切应力也适用于特殊场合。如果在恶劣环境下使用，如高温、高负载、化学腐蚀，那数据库中指定的极限值就高了；相反，如果不在恶劣环境下使用，那该极限值就低了，也就是说应力超出也不会出问题。

4.2　翻盖手机后壳的流动分析

根据 MPI 分析流程，流动或填充分析包含以下基本步骤：
① 导入 CAD 模型。
② 划分网格，建立网格模型。
③ 修复优化网格质量。
④ 选择材料。
⑤ 浇注系统的创建。
⑥ 设置成型工艺条件。
⑦ 运行分析。
⑧ 解读分析结果。

4.2.1 CAD 模型的导入

在指定的位置创建分析项目，并导入翻盖手机中的翻盖后壳的 CAD 模型。

操作步骤如下：

（1）打开 MPI 软件，创建一个新的"Project"（项目），选择"File"（文件）→"New Project"（新项目）命令，此时系统会弹出如图 4.4 所示的对话框，在"Project"处输入项目名称"Fg_houke"，默认的创建路径是 MPI 的项目管理路径，也可以自己选择创建路径，然后单击"OK"按钮。

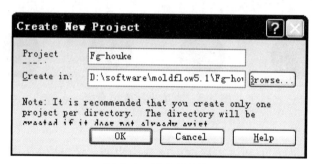

图 4.4　创建新项目

（2）在 Fg_houke 项目中导入翻盖后壳源文件中的 fg_houke.udm。选择"File"（文件）→"Import"（导入）命令，在弹出的对话框中选择"fg_houke.udm"文件，再单击"打开"按钮。

（3）在自动弹出的导入对话框中，选择 Fusion（表面网格）类型，单击"OK"按钮，导入翻盖后壳的模型，此时 MPI 操作界面如图 4.5 所示。

图 4.5　导入模型后的 MPI 操作界面

4.2.2 划分网格

运用 MPI 中网格划分功能，自己生成网格。

操作步骤如下：

（1）选择"Mesh"（网格）→"Generate Mesh"（生成网格）命令，会弹出如图 4.6 所示的生成网格对话框，在"Global edge length"（网格全局边长）处输入 2 mm，其他参数不变，单击"Generate Mesh"按钮。

（2）查看网格统计信息。选择"Mesh"（网格）→"Mesh Statistics"（网格统计信息），弹出如图 4.7 所示的网格统计信息对话框。

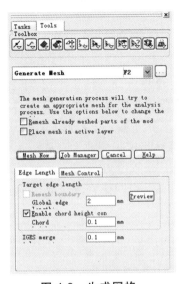

图 4.6　生成网格

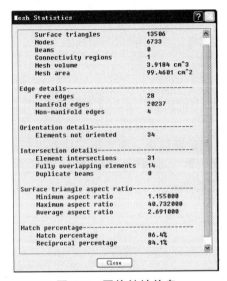

图 4.7　网格统计信息

在 MPI 中，系统自动生成的网格可能存在或多或少的缺陷，网格的缺陷不仅可能对计算结果的正确性和准确性产生影响，而且在一些网格缺陷比较严重的情况下，会导致计算根本无法进行，所以就需要对网格缺陷进行修改。

图 4.7 所示的网格统计信息实际上是一个网格质量的统计报告，在网格修改之前，首先需要对网格状态进行统计，再根据统计的结果对现有网格缺陷进行修复，直到满足 MPI 的分析原则为止。对于 Fusion 模型，网格信息必须满足以下几个主要原则：

① Connectivity region（联通区域）的个数为 1。

② Free edges（自由边）的个数为 0。

③ Non-manifold edges（非交叠边）的个数为 0。

④ Element intersections（交叉单元）的个数为 0。

⑤ Fully overlapping elements（完全重叠单元）的个数为 0。

⑥ Elements not oriented（未定向的单元）个数为 0。

⑦ Aspect ration（纵横比）的最大值一般应该控制在 10~20，当然也要看产品结构的复杂程度。

⑧ Match ration（网格匹配率）大于 80%。

4.2.3 网格的修复

根据以上几个原则，再次观察图 4.7，可以发现翻盖后壳中的网格统计信息中存在各式各样的问题，下面将详细讲述网格修复工具的使用方法与技巧，逐一修复、解决网格中存在的缺陷，直到满足做 MPI 分析的原则。

1. Overlaps/Intersections（重叠、交叉单元）的修复

重叠单元网格是指在同一平面上的网格单元部分或者完全重叠的情况，在分析的前处理过程中，重叠单元网格必须全部修改，否则会影响到分析的正常进行。

交叉网格是指不同平面上的网格单元从内部交叉的情况，即相交部分并非三角形单元的某边，在分析的前处理过程中，交叉网格也必须全部除去。

（1）找出重叠、交叉单元网格所在位置。

操作步骤如下：

单击项目区中的"Tools"（工具）按钮，在这一排指令集合按钮中选中 按钮，在下拉框中单击"Overlapping Elements Diagnostic"（重叠单元诊断），弹出"重叠单元诊断"对话框，如图 4.8 所示，设置完选项后，单击"Show"（显示）按钮，出现如图 4.9 所示的界面，显示出重叠单元诊断结果。为了更好地查看位置，可适当把视图放大，从图 4.10 所示的颜色条中可以获知，红色显示的网格表示"Intersections"（交叉单元），蓝色显示的网格表示"Overlaps"（重叠单元），这些问题网格都是需要修改的，当网格修改完成后，颜色条会消失。

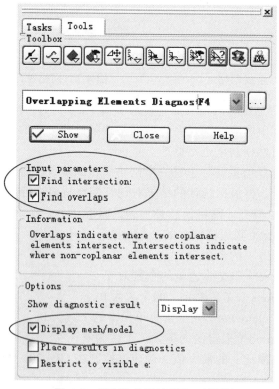

图 4.8　"重叠单元诊断"对话框

注意：为了检测出网格的重叠或交叉单元，需要在如图 4.8 所示的区域打上"√"。如果要把诊断出来的问题网格放在一个独立的图层中，可在此处打上"√"。

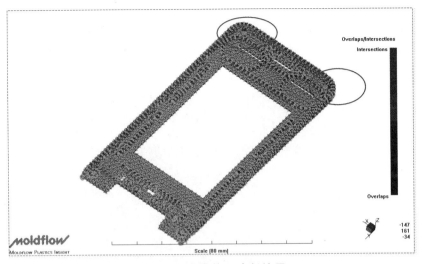

图 4.9　重叠单元诊断结果

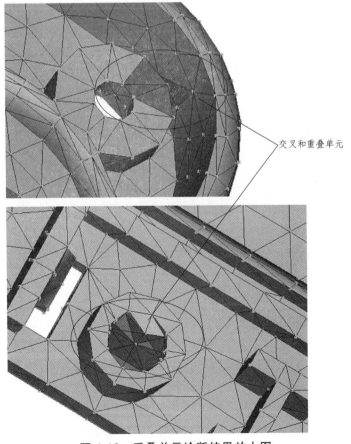

图 4.10　重叠单元诊断结果放大图

（2）修复网格。

当诊断出问题网格的位置后，接下来需要运用 MPI 系统里的网格修复工具对问题网格进行——修复。

交叉网格修复：翻盖后壳中的交叉网格单元如图 4.11 所示，由于圆中所示的节点（N1968）渗入到后壳的边缘结构部位，导致了网格交叉，修改方法相对简单，只要把该节点（N1968）偏移出来即可。

图 4.11　交叉网格单元

操作步骤如下：

选择"Tools"（工具）→"Move Node"（移动节点）命令，弹出如图 4.12 所示的对话框，选中图 4.11 中圆圈所示的节点（N1968），以相对坐标的方式进行偏移，将节点沿着 Y 轴的正方向偏 0.02 mm 即可解决此处的交叉网格问题，修改完成后的结果如图 4.13 所示。

绝对坐标　　　　　　　　　　　　　　相对坐标

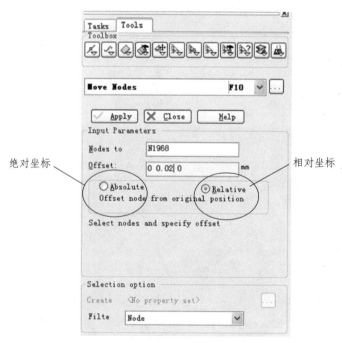

图 4.12　"移动命令"对话框

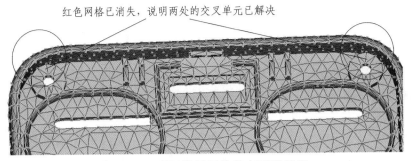

图 4.13　交叉单元网格修复后的结果

重叠网格修复：通过上述重叠单元诊断可知，翻盖后壳的重叠单元共有两处，如图 4.14 所示。

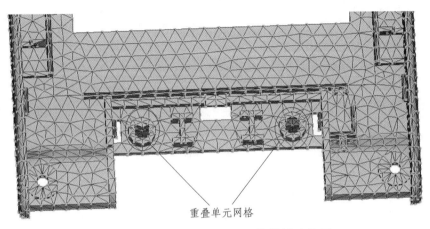

图 4.14　重叠网格和交叉网格的缺陷位置

从图 4.14 中可知，重叠单元网格（蓝色）中伴随有交叉单元网格（红色），根据产品的结构，这两处是通孔，而现在却被网格堵塞，所以把这些网格删除即可。

操作步骤如下：

① 选中如图 4.14 所示的重叠单元网格（蓝色）和交叉单元网格（红色），然后按"Delete"键一一删除，这样可解决此处的重叠单元网格和交叉单元网格，修改后的网格如图 4.15 所示。

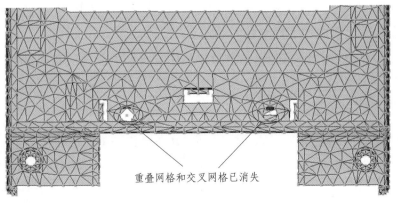

图 4.15　修改后的情况

② 查看网格统计信息。选择"Mesh"（网格）→"Mesh Statistics"（网格统计信息），弹出如图 4.16 所示的网格统计信息对话框。

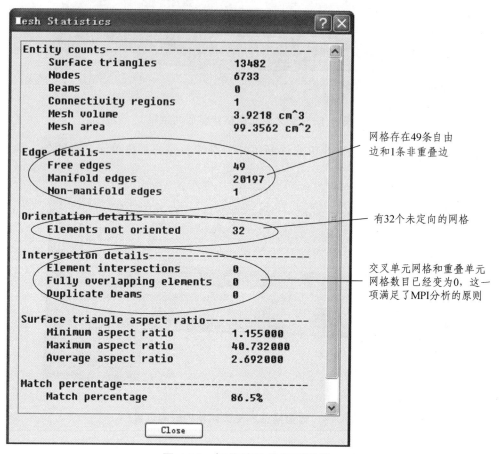

图 4.16　网格统计信息对话框

从图 4.16 所示的网格统计信息对话框可知，交叉单元网格和重叠单元网格数目已经变为 0，说明交叉单元网格和重叠单元网格已修复好。另外，网格存在 49 条自由边和 1 条非重叠边，同时还有 32 个未定向的单元，这些问题网格在后面都要修复，直到满足做 MPI 的分析原则为止。

2. Free Edges（自由边）的修复

Free Edges（自由边）是指 Fusion 模型中某个三角形单元的一条边没有与其他三角形共用。

（1）找出自由边、交叉边所在位置。

操作步骤如下：

单击项目区中的"Tools"（工具）按钮，在这一排指令集合按钮中选中 📄 按钮，在下拉框中单击"Free Edges Diagnostic"（自由边诊断），弹出"自由边诊断"对话框，如图 4.17 所示，设置完选项后，单击"Show"（显示）按钮，出现如图 4.18 所示的界面，显示出自由边的诊断结果，为更好地查看位置，可适当把视图放大。从图 4.19 和图 4.20 所示的颜色条中可以获知，红色显示的网格表示"Free Edges"（自由边），蓝色显示的网格表示"Non-Manifold"（交叉边），这些问题网格都是需要修改的，当网格修改完成后，颜色条会消失。

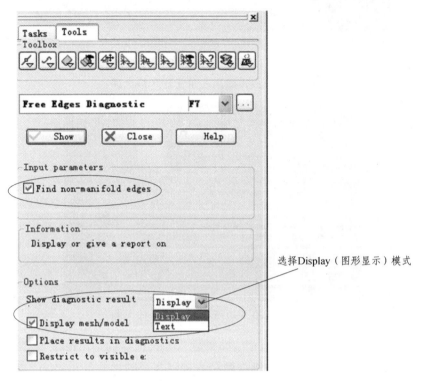

图 4.17　"自由边诊断"对话框

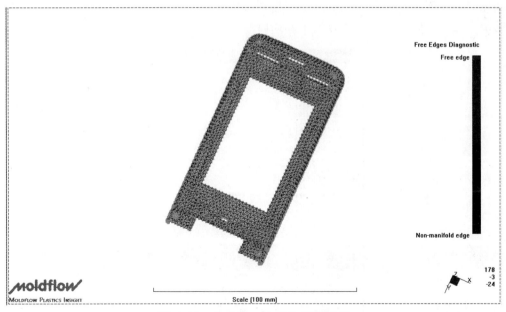

图 4.18　自由边、交叉边诊断结果

A   B

图 4.19   自由边所在单元显示放大图

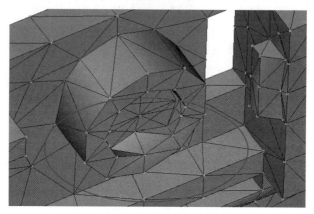

图 4.20   交叉边所在单元显示放大图

拓展知识：在利用自由边诊断工具时，如果显示方式选择的是"Text"（文字），如图 4.17 所示，而不是"Display"（图形显示），则诊断结果会以文字的形式显示出来，如图 4.21 所示，自由边（Free Edges）28 个，Non-Manifold（交叉边）4 个。如（5122：5169）表示自由边的两个端点的节点编号，可以通过节点编号找到网格缺陷的具体位置，文字显示结果和图 4.18 显示的结果是一致的，只是显示方式不同而已。

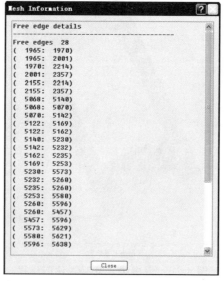

图 4.21   自由边、交叉边的 Text 显示

（2）修复网格。

自由边修复：针对图 4.19 中的自由边情况，把自由边所在的三角单元先删除，然后再利用补孔工具把破孔补上即可。先看图 4.22 中的区域 A。

操作步骤如下：

① 选中 T1888、T1895 单元，按"Delete"键删除即可。删除后的区域 A 如图 4.23 所示。

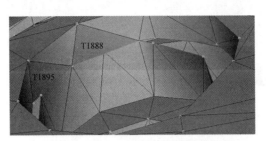

图 4.22　区域 A 的缺陷情况

图 4.23　删除三角单元后的区域 A

② 补孔。选择"Tools"（工具）→"Edge Mesh Tools"（修复边网格工具）→"Fill Hole"（填充孔），弹出"填充孔"对话框，如图 4.24 所示，依次选中 N5596、N5457、N5260、N5581 节点，单击"Apply"（应用）后，则可把破孔填好。同样的方法，可以将周边孔也补上，补完后如图 4.25 所示，可以发现，红色的"Free Edges"（自由边）已经消失。

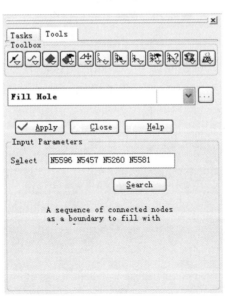

图 4.24　"填充孔"对话框

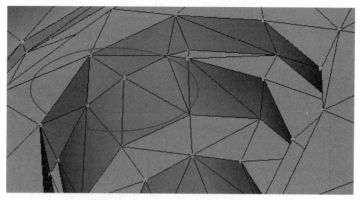

图 4.25　补孔后的情况

再看图 4.26 中区域 B 的自由边情况。区域 B 放大后清楚地看到有一个悬空的三角形单元，该单元有两边与其他单元共用，另外一边悬空（红色显示的自由边），修改方法简单，把三角形单元删除后补上即可。

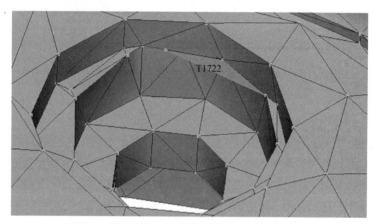

图 4.26　区域 B 中的自由边

操作步骤如下：

选中 T1772，按"Delete"键删除即可。删除后的区域 B 如图 4.27 所示，可以发现单元 T1909 和 T1916 其实是个四边形，并不是三角形单元，因此需对其进行处理，把它们删除后，再进行"Fill Hole"（填充孔）处理将其补上即可。

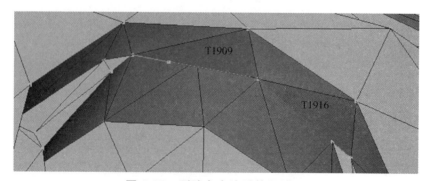

图 4.27　删除自由边后的区域 B

交叉边修复：针对图 4.18 中的交叉边情况，把图局部放大后，如图 4.28 所示，区域 A、B 圆圈处就是交叉边（蓝色）存在的地方。修复模型的思路是：根据产品本身的结构，A、B 两处原是通孔，因此需要把多余的三角形单元删除，然后利用"Merge Nodes"（合并节点）等工具来解决出现的相应网格问题。

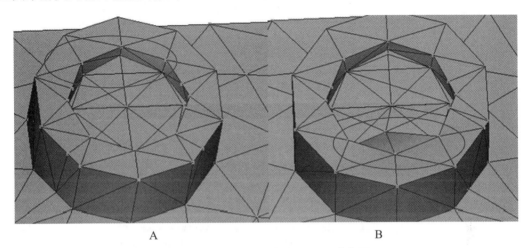

图 4.28　交叉边所在单元显示放大图

先看图 4.28 中的区域 A。

操作步骤如下：

a. 选中 T2423、T2427、T2428 等三角单元和多余的点，按"Delete"键删除即可。删除后的区域 A 如图 4.29 所示。

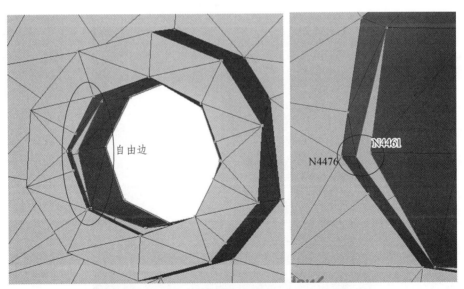

图 4.29　删除三角单元后的区域 A 及局部放大图

删除部分三角单元后，可以发现，模型出现相应的红色的自由边（共有 3 处、16 条）。

b. 合并点。选择"Tools"（工具）→"Nodal Tools"（点工具）→"Merge Nodes"（合并

节点），弹出"合并节点"对话框，如图 4.30 所示，依次选中 N4476、N4461 节点，单击"Apply"（应用），其他两处采用相同的操作，合并节点后的区域 A 如图 4.31 所示。

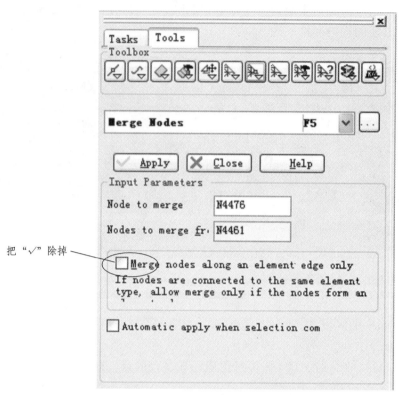

图 4.30 "合并节点"对话框

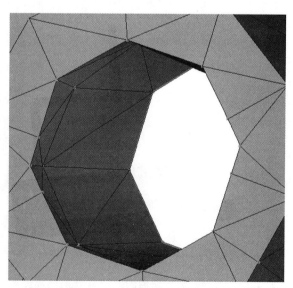

图 4.31 合并节点后的区域 A

通过合并节点操作后，区域 A 的红色自由边已经消失。采用类似的方法操作，除去图 4.28 所示的区域 B 的交叉边和自由边。修复后的情况如图 4.32 所示。

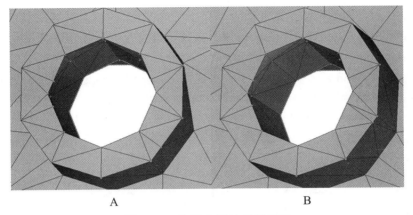

A B

图 4.32　修复交叉边后的结果

　　c. 查看网格统计信息。选择"Mesh"（网格）→"Mesh Statistics"（网格统计信息），弹出如图 4.33 所示的网格统计信息对话框。

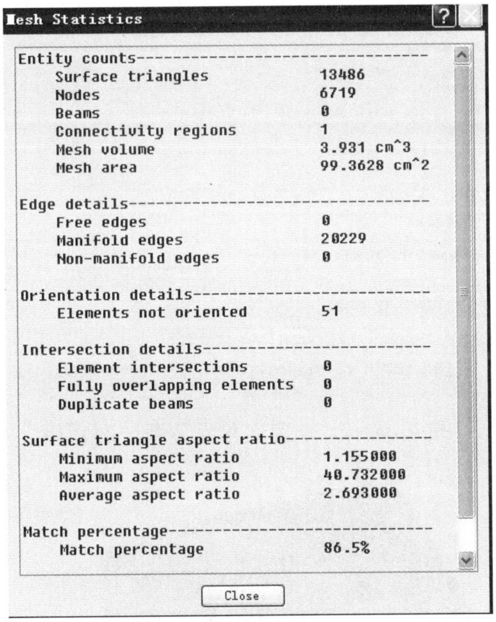

図 4.33　网格统计信息对话框

　　从图 4.33 所示的网格统计信息对话框中可知，交叉单元网格、重叠单元网格、自由边以及交叉边的数目已经变为 0。另外，模型网格还有 51 个未定向的单元，这些问题网格在后面都要修复，直到满足做 MPI 的分析原则为止。

3. Elements Not Oriented（未定向单元）的修复

　　在 MPI 的 Fusion 模型中，每个网格单元都存在一个规定的方向，即每个单元都有一个顶面（Top）和一个底面（Bottom），其中 Top 面的方向与网格模型中每个三角形单元的顶点序列呈右手定则。MPI 要求在进行分析计算之前，模型中的每一个单元的顶面都需要朝向外表面。

（1）找出未定向单元网格所在位置。

单击项日区中的"Tools"（工具）按钮，在这一排指令集合按钮中选中 按钮，在下拉框中单击"Orientation Diagnostic"（未定向单元诊断），弹出"未定向单元诊断"对话框，如图4.34所示，单击"Show"（显示）按钮，出现如图4.35所示的诊断结果，为了更好地查看位置，可适当把视图放大。从图4.35所示的颜色条中可以获知，红色显示的网格表示"Bottom"（朝下），蓝色显示的网格表示"Top"（朝上）。目前要做的工作就是把红色显示网格修改，使得网格的方向全部朝上。

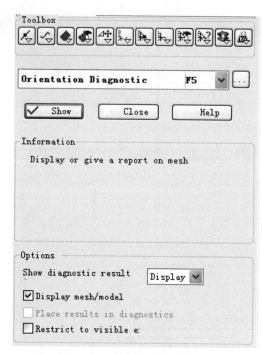

图 4.34　"未定向单元诊断"对话框

图 4.35　未定向单元诊断结果

（2）修复网格。

操作步骤如下：

① 选择"Mesh"（网格）→"Orient All"（定向所有单元）命令。

② 或者通过选择"Mesh"（网格）→"Mesh Tools"（网格工具）→"Orient Elements"（定向单元）命令，然后选择未定向单元网格（即红色网格），单击"Apply"（应用）即可完成未定向网格的修复。

③ 查看网格统计信息。选择"Mesh"（网格）→"Mesh Statistics"（网格统计信息），弹出如图 4.36 所示的网格统计信息对话框。

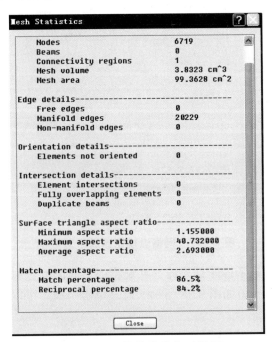

图 4.36　网格统计信息对话框

从图 4.36 所示的网格统计信息对话框中可知，交叉单元网格、重叠单元网格、自由边、交叉边及未定向的单元数目已经变为 0。另外，模型网格的最大纵横比为 40.732，显然不符合 MPI 分析的原则，接下来要把最大纵横比修复在 10 ~ 20，直到满足做 MPI 的分析原则为止。

4. Maximum Aspect Ratio（最大纵横比单元）的修复

纵横比（Aspect Ratio）是指三角形单元的最长边与该边上的三角形的高的比值。

一般情况下，要求三角形单元的纵横比要小于 6，这样才能保证分析结果的精确性。但是有些情况下并不能满足所有的网格单元的纵横比都达到这个要求，因此要在保证网格平均纵横比小于 6 的情况下，尽量降低网格的最大纵横比。对于大纵横比网格修复，也是在网格诊断工具的帮助下进行的。

（1）查找出大纵横比的网格。

单击项目区中的"Tools"（工具）按钮，在这一排指令集合按钮中选中　按钮，在下拉框中单击"Aspect Ratio Diagnostic"（网格纵横比诊断），弹出"网格纵横比诊断"对话框，如图 4.37 所示，在"Minimum"文本框输入 19，它表示所显示的网格的最小纵横比，而"Maximum"文本框一般不用输入数据，这样单击"Show"（显示）按钮后，会将纵横比大于19 的网格全部显示出来,并在对话框消息栏中显示出被显示单元的个数"Diagnostic generated: 5 entities displayed." 即有 5 个单元的纵横比大于 19。

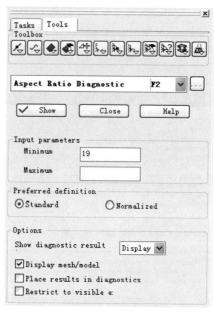

图 4.37 "网格纵横比诊断"对话框

采用"Display"方式显示诊断结果时，系统将用不同的颜色引出线指出纵横比大小超出指定的标准三角形网格单元，如图 4.38 所示。通过单击引线，可以选中相应的存在纵横比缺陷的三角形单元。

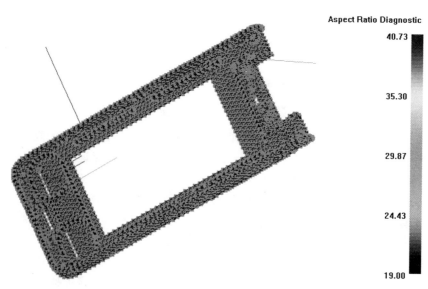

图 4.38 网格纵横比诊断结果

（2）修复大纵横比的网格。

三角形单元的纵横比缺陷的修改一般遵循"从大到小，区域优先"的原则，即从具有最大纵横比的三角单元开始修改，并且争取一次性将同一区域与其相邻的缺陷网格一并修改，这样既可以保证网格的修改质量，也不至于遗漏修改。

单击代表最大纵横比网格的红色引出线，找到相应的区域和缺陷网格，如图 4.39 所示。

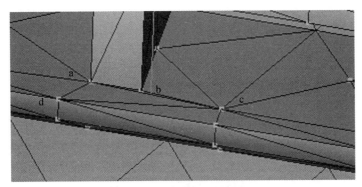

图 4.39　网格的缺陷情况

注意：在找到相应的网格缺陷区域后，不要急于修改，首先要分析网格缺陷情况，并将其与对称区域的理想网格进行对比，找出最佳的网格修改方案，并且修改方法不是唯一的，读者可以根据自己的想法，提出更好的解决方法。

操作步骤如下：

① 将四边形 abcd 的对角线进行互换。选择"Tools"（工具）→"Edge Tools"（边工具）→"Swap Edges"（交换边）命令，分别选择 T7601 和 T7630，单击"Apply"按钮。修改后的结果如图 4.40 所示，可以发现红色引线已经消失，说明此处的纵横比已经修好。

② 用相似的方法，可以把其他几处的纵横比修改好，直到满足 MPI 分析条件为止。

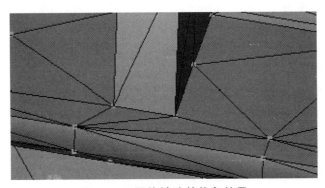

图 4.40　网格缺陷的修复结果

注意：在修改纵横比存在问题的网格单元的过程中，经常会发现一些其他类型的缺陷网格单元，也就是说不同缺陷类型的网格单元是交织在一起的，其中有些缺陷网格并不是"致命"的，即这些网格的存在不会导致分析结果的失败，但是会影响到结果的精确程度。因此，网格的修改需要读者结合自己的工作内容，进行大量的练习和实践，逐步积累经验。

4.2.4 分析类型的选择

在完成产品模型的网格划分和网格缺陷修复之后,依照分析任务窗口 Study Tasks 中的顺序,将设置分析类型。

在 MPI 中,创建一个新的项目 Project 后,默认的分析类型是 Fill 填充分析。在本章中,做的是流动分析,故选择 Flow 分析。选择"Analysis"(分析)→"Set Analysis Sequence"(设置分析类型)→"Flow"(流动分析)。这时,分析任务窗口 Study Tasks 中显示发生变化,如图 4.41 所示。

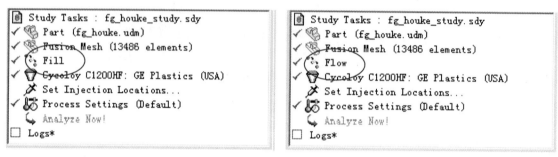

图 4.41 分析类型的设置结果

4.2.5 原材料的选择

MPI 默认状态下的原材料是 PP 料(聚丙烯),一般来说,在手机面板生产中,通常采用 ABS+PC 合金料,本书的案例中,统一选取 GE Plastics(USA)公司的 ABS+PC 合金料,牌号为 Cycoloy C1200HF,详细内容前面已作介绍,这里不再表述。

4.2.6 浇注系统的创建

浇注系统是指塑料熔体从注射机喷嘴射出后到达型腔之前在模具内流经的通道。浇注系统可分为普通流道浇注系统和热流道浇注系统两大类。浇注系统的设计是注射模具设计的一个很重要的环节,它对获得优良性能和理想外观的塑料制件以及最佳成型效率有直接影响,是模具设计工作者必须重视的技术问题。

普通流道浇注系统一般由主流道、分流道、浇口及冷料井 4 部分组成,浇注系统从总体来看,其作用可概括为如下两个方面:

① 将来自注射机喷嘴的塑料熔体均匀而平稳地输送到型腔,同时使型腔内的气体能及时顺利地排出。

② 在塑料熔体填充及凝固的过程中,将注射压力有效地传递到型腔的各个部位,以获得形状完整、内外质量优良的塑料制件。

浇注系统的设计要求如下:

① 熔体通过浇注系统时,压力损失要小。

② 热损失要小。

③ 便于模具的加工、脱模及清除凝料。

④ 在塑件上产生的工艺缺陷要少。

⑤ 物料的使用量尽可能少，以降低成本。

本章案例中，产品是翻盖后壳，由于其模具结构复杂，产品的外观质量要求很高，因此宜采用三板模结构。在进浇口的设计方面，选取小浇口，且采用点浇口以改善产品的外观。由于产品较薄，熔体的流动阻力较大，为减小压力损失，拟采用两点进浇。在流道设计方面，主流道采用典型的圆锥形，由于是三板模结构，故有两级分流道，为了方便脱模及产品的顶出，一级分流道的截面采用梯形形状，二级分流道的截面采用圆锥形形状。本案例的浇注系统设计方案如图 4.42 所示。

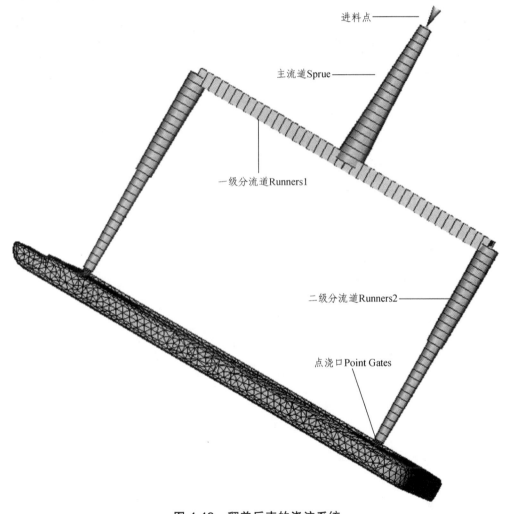

图 4.42　翻盖后壳的浇注系统

从图 4.42 中可以发现，浇注系统与产品的网格模型有所不同，浇注系统是由线型杆单元组成的，其创建方式一般也有两种方式：

① 采用菜单中的 "Modeling"（建模）→ "Runner System Wizard"（浇注系统向导）工具，对产品结构简单的浇注系统进行创建，通常不推荐使用。

② 直接利用系统的直线、曲线创建功能，首先画出浇注系统的中心线，再对线条赋予属性，设定所需尺寸，最后对中心线进行杆单元的网格划分，遵循从"点→线→单元杆"的原则，完成浇注系统的创建。

1. 点浇口（Point Gates）

浇口在产品上的位置是设计好的，但是在划分好的网格模型上，只能选择与事先设计最为相近的节点作为浇口位置。在本章案例中，选择浇口与型腔接触处的节点分别为 N3780 和 N4152。

操作步骤如下：

（1）创建浇口节点。选择"Tools"（工具）→"Create Nodes"（创建点）→"Node by offset"（偏置点）命令，选择以节点 N3780 为基点偏置，间距为（0 0 1.7），根据经验值，点浇口的长度设为 1.7 mm 左右，设定后的结果如图 4.43 所示，单击"Apply"按钮，这样就在节点 N3780 的正上方创建出节点 N6734。同样的方法，可以在节点 N4152 的正上方创建出节点 N6735。

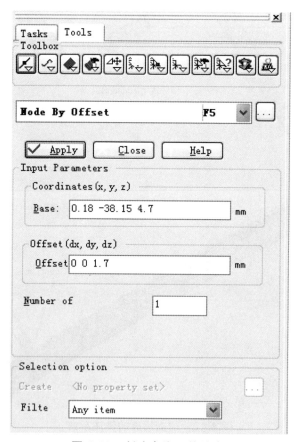

图 4.43　创建点浇口的端点

（2）创建浇口中心线。选择"Tools"（工具）→"Create Curves"（创建曲线）→"Create Line"（创建直线）命令，选择节点 N3780 为始点，节点 N6734 为终点，如图 4.44 所示，创建出直线 C1。同样的方法，在另一浇口节点创建直线 C2。

96

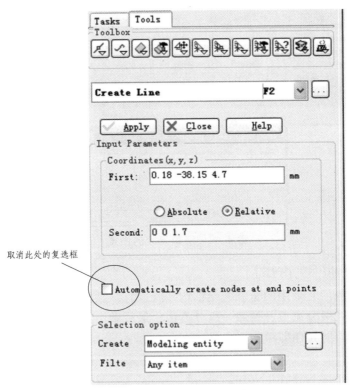

图 4.44　创建浇口中心线

注意：取消图 4.44 中圆圈处的复选框非常重要，这能够保证在节点 N3780 处仅有一个节点，从而使得产品的网格模型与浇注系统的杆单元模型连接成一个整体，其中节点 N3780 将成为连接两者的纽带。因为在 MPI 中，单元之间的连接是通过公用的节点来保证的，读者在练习中可以自己进行尝试和体会。

（3）给浇口中心线赋予属性。选中直线 C1 和 C2，单击鼠标右键，弹出如图 4.45 所示的对话框，选择 "New" → "Cold Gate"，弹出如图 4.46 所示的对话框，并设置图中所示的参数，单击 "OK"，完成属性的赋值。

图 4.45　设置中心线属性

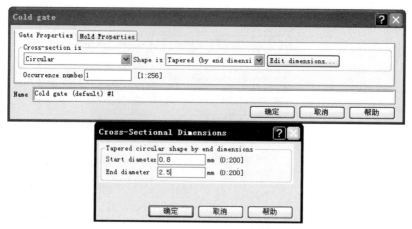

图 4.46　浇口尺寸的设置

2. 分流道（Cold Runners）

本案例中的翻盖后壳采用的是三板模结构，所以有一级和二级分流道之分，在浇口中心线的基础上先创建二级分流道，再做一级分流道，最后做主流道，流道的创建方法与创建浇口相似，只是赋予不同属性即可。

操作步骤如下：

（1）创建流道节点 N6741、N6742。选择"Tools"（工具）→"Create Nodes"（创建点）→"Node by offset"（偏置点）命令，选择以节点 N6734 为基点偏置，间距为（0 0 25），这个 25 mm 是根据模板厚度来决定的。设定完成后，单击"Apply"按钮，这样就在节点 N3780 的正上方创建出节点 N6741。由于采用是三板模模具结构，所以还需要创建一节流道，故在节点 N6741 正上方再用偏置的方法创建出节点 N6742，其中，间距同为（0 0 25）。生成的节点如图 4.47 所示。

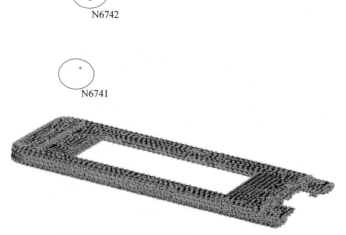

图 4.47　生成的流道节点 N6741、N6742

（2）创建流道节点 N6743、N6744。选择"Tools"（工具）→"Create Nodes"（创建点）→"Node by offset"（偏置点）命令，选择以节点 N6735 为基点偏置，间距为（0 0 ?）。

问题：偏置的距离还是 25 mm 吗？

回答：不一定。因为节点 N6741 和 N6743 的高度要一致，便于开模。所以要测量出从节点 N6741 到节点 N6735 的 Z 轴高度。通过测量命令 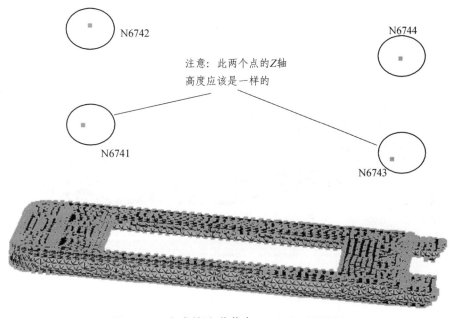 ，可测出两节点的 Z 轴高度正好也是 25 mm。

用同样的方法，创建出节点 N6743、N6744，如图 4.48 所示。

图 4.48 生成的流道节点 N6743、N6744

（3）创建模具中心节点。一般来说，模具中心点也就是产品长度和宽度的中心，可以通过测量命令+偏置点的方法找到。产品宽度为 51.5 mm，长度为 104 mm。创建出的模具中心节点为 N6745，如图 4.49 所示。

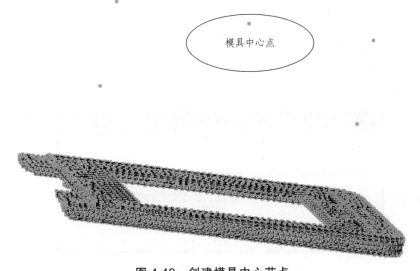

图 4.49 创建模具中心节点

（4）创建流道中心线。选择"Tools"（工具）→"Create Curves"（创建曲线）→"Create Line"（创建直线）命令，创建出直线 C3、C4、C5、C6、C7、C8，如图 4.50 所示。

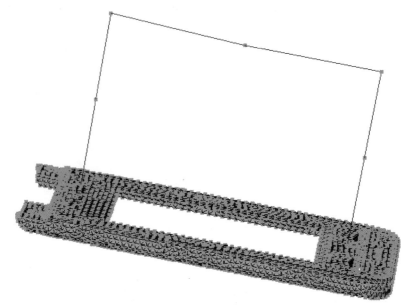

图 4.50　创建流道中心线

（5）给流道中心线赋予属性。C3 和 C7 属性相同，C4 和 C8 属性相同，C5 和 C6 属性相同。

选中直线 C3 和 C7，单击鼠标右键，选择"New"→"Cold Runner"，弹出如图 4.51 所示的对话框，并设置图中所示的参数，单击"确定"按钮，完成属性的赋值。

另外，C4 和 C8 属性特征如图 4.52 所示，C5 和 C6 属性特征如图 4.53 所示。

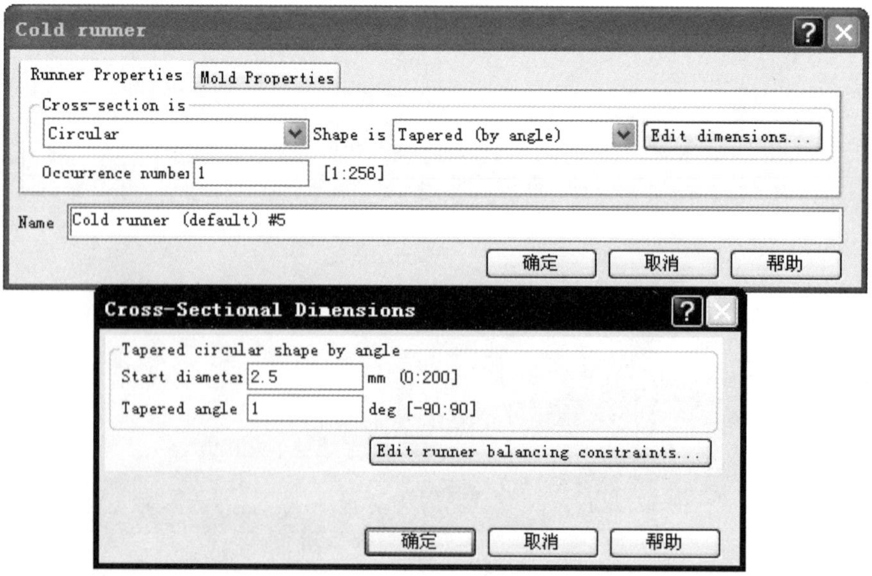

图 4.51　C3 和 C7 的属性特征

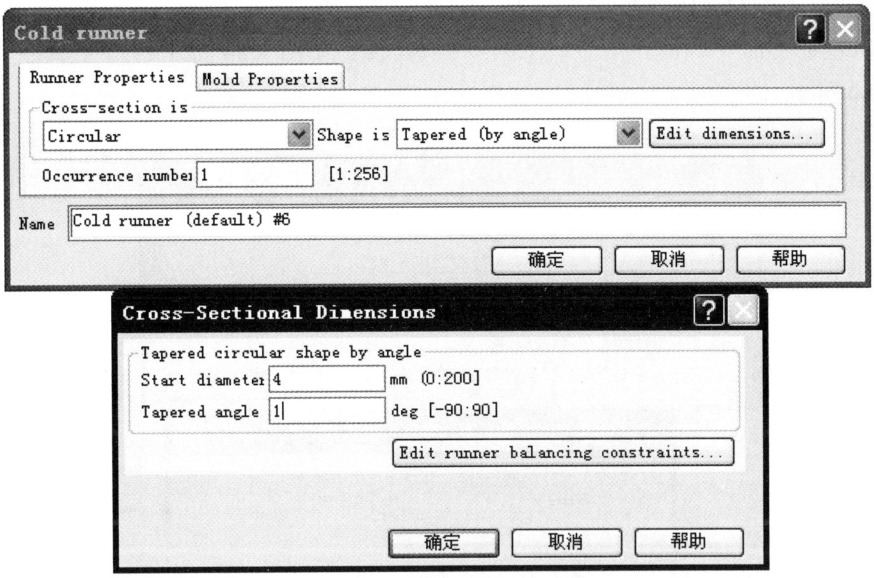

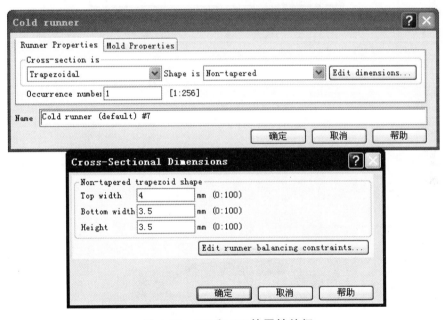

图 4.52 C4 和 C8 的属性特征

图 4.53 C5 和 C6 的属性特征

3. 主流道（Sprue）

主流道的形状为锥形，小口直径为 3.5 mm，大口直径为 6 mm，长度为 50 mm，其创建方法如下：

（1）创建主流道小口处的节点。选择"Tools"（工具）→ "Create Nodes"（创建点）→ "Node by offset"（偏置点）命令，选择以节点 N6745 为基点偏置，间距为（0 0 35），节点 N6745 的正上方创建出节点 N6746。

（2）创建主流道中心线。选择"Tools"（工具）→ "Create Curves"（创建曲线）→ "Create Line"（创建直线）命令，创建出直线 C9，并给其设置如图 4.54 所示的尺寸属性。生成的主流道如图 4.55 所示。

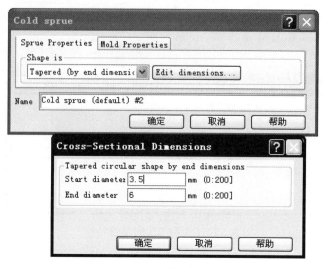

图 4.54　主流道的尺寸属性

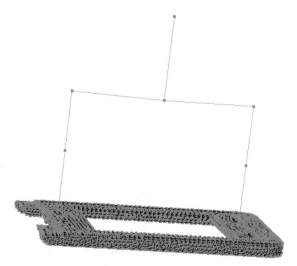

图 4.55　生成的主流道

4. 浇注系统的网格划分（Generate Mesh）

利用图层管理工具，将浇口 Gates、分流道 Cold Runners、主流道 Sprue 分别归属到相应的图层中，将新建的节点归属到"New Nodes"层中，然后分别对浇注系统各部分进行杆单元划分。

操作步骤如下：

（1）对浇口进行杆单元的划分。在图层管理窗口仅显示"Gates"层，如图 4.56 所示。

选择"Mesh"（网格）→"Generate Mesh"（生成网格），设置杆单元大小为 0.6 mm，生成的浇口单元杆如图 4.57 所示。

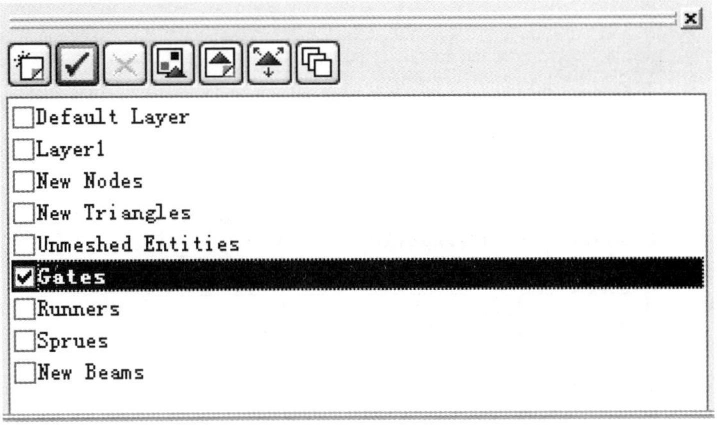

图 4.56　浇口杆单元生成前图层显示窗口

图 4.57　生成的浇口单元杆

（2）对主流道和分流道进行杆单元划分。在图层管理窗口仅显示"Cold Runners"层和"Sprue"层。选择"Mesh"（网格）→"Generate Mesh"（生成网格），设置杆单元大小为 6 mm，生成的主流道、分流道单元杆如图 4.58 所示。

图 4.58　生成的主流道、分流道单元杆

（3）连通性诊断。显示所有产品三角形单元和浇注系统杆单元，选择"Tools"（工具）→ "Mesh Diagnostics"（网格诊断）→ "Connectivity Diagnostic"（连通性诊断）命令，弹出如图 4.59 所示的对话框。

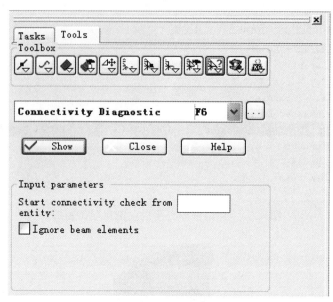

图 4.59　网格诊断工具对话框

选择任一单元作为起始单元，再单击"Show"（显示），可得到网格连通性诊断结果，如图 4.60 所示，所示网格单元均显示为蓝色，表示相互连通。

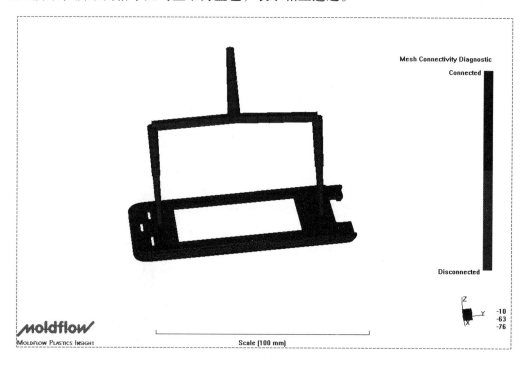

图 4.60　所有单元的连通性诊断

注意: 在浇注系统网格划分完成后,一定要进行浇注系统与产品网格模型的连通性诊断,防止出现不连通的情况,否则导致分析计算的失败。

5. 设置进料点位置(Set Injection Locations)

在完成了浇注系统各部分的建模和网格单元划分之后,要设置进料点的位置。

操作步骤如下:

(1)在分析任务窗口 Study Tasks 中,双击设置进料口位置 Set Injection Locations。

(2)单击进料口节点,如图 4.61 所示,选择完成后再选择"Save"命令保存。

(3)分析任务窗口中显示进料口设置成功,如图 4.62 所示。

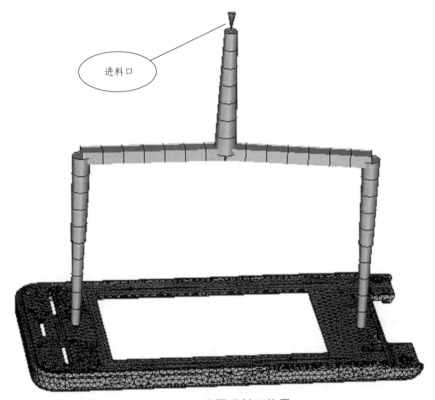

图 4.61　设置进料口位置

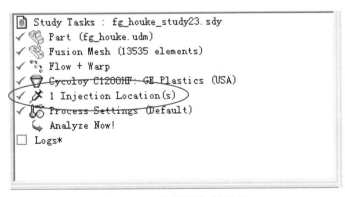

图 4.62　分析任务栏显示

拓展知识：

（1）浇口的类型。

常见的浇口形式有下列几种：侧浇口、扇形浇口、盘形浇口、圆环浇口、平缝浇口、潜伏浇口、牛角浇口、点浇口、护耳浇口、直浇口、轮辐浇口、爪形浇口等。

① 侧浇口。侧浇口的形式如图 4.63 所示，该浇口相对于分流道来说截面尺寸较小，属于小浇口的一种，也是浇口中使用较好的一种。侧浇口一般开在分型面上，从塑件的边缘进料。边缘浇口具有矩形或者接近矩形的截面形状，可以通过改变其厚度和宽度来调整充模时的剪切速率和浇口封闭时间。其优点是浇口易于机械加工，易保证加工精度，而且试模时浇口的尺寸容易修整，适用于各种塑料品种。

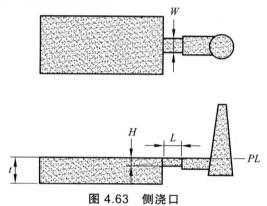

图 4.63　侧浇口

② 扇形浇口。扇形浇口如图 4.64 所示，常用来成型宽度较大的薄片状产品，浇口由鱼尾形状过渡部分和浇口台阶组成，过渡部分沿进料方向逐渐变宽，厚度逐渐变薄，并在浇口处迅速逐渐减至最薄。扇形浇口使塑料熔体在横向得到均匀分配，可降低塑件的内应力，减少塑件变形，能有效地消除浇口附近的缺陷。但其浇口的去除较困难，且沿塑件的侧壁有较长的剪切痕，影响塑件外观。

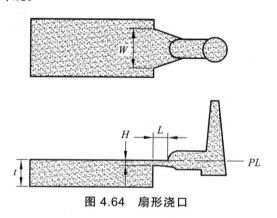

图 4.64　扇形浇口

③ 盘形浇口或环形浇口。盘形浇口如图 4.65 所示，环形浇口如图 4.66 所示，沿塑件内圆周进料称为盘形浇口，沿外圆周进料称为环形浇口；主要用于圆筒形塑件或中间带有孔的塑件，可使进料均匀，在整个圆周上取得大致相同的流速，空气也容易顺序排出，同时不易形式熔接痕。但是除去浇口较为困难，并在塑件的圆周上留下明显的浇口痕迹。

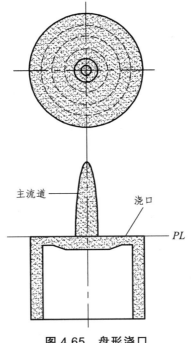

图 4.65　盘形浇口

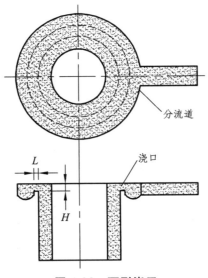

图 4.66　环形浇口

　　④ 平缝浇口（又称薄片浇口、膜状浇口）。平缝浇口如图 4.67 所示，用于大面积的扁平塑件。平缝浇口的分流道与型腔的侧边平行，所以又叫平行流道。熔体进入模具后，先在平行流道内得到均匀分配，再以较低的线速度呈平行流动，均匀进入型腔。因此，塑件的内应力小，变形也较小。但是成型后除去浇口的工作量大，沿塑件一侧有较长的剪切痕，有损塑件美观。

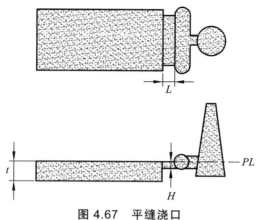

图 4.67　平缝浇口

⑤ 潜伏浇口。潜伏浇口如图 4.68 所示。潜伏浇口又称为隧道式浇口，是由点浇口演变而来的。它的进料口一般都在塑件的内表面或隐蔽处，因此不会影响塑件的外观。在模具打开时，或在脱模的瞬间，借助一个特殊的刃口，使浇口从成型面上切断。但是由于浇口潜伏在分型面下面，沿斜向进入型腔，会使加工带来一定困难。潜伏浇口特别适合于从一侧进料的塑件加工，对于强韧的塑料，潜伏浇口是不适合的。

⑥ 牛角浇口。牛角浇口如图 4.69 所示。牛角浇口是一种特殊的圆弧形弯曲的潜伏式浇口，可以在扁平塑件的内侧进浇，效果很好，但是加工较为困难。

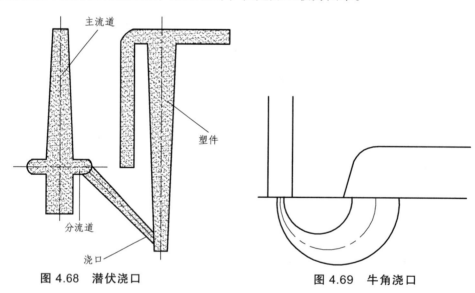

图 4.68　潜伏浇口　　　　　　图 4.69　牛角浇口

⑦ 点浇口。点浇口如图 4.70 所示。点浇口是一种很小的浇口，熔体通过点浇口进入有很好的剪切速率，这对降低塑性熔体的表观黏度有好处，熔体的黏度在高速剪切力场中减小后，将在一段时间内继续保持该黏度进入型腔，尽管这时型腔中的剪切速率已经降低。同时，熔体通过小浇口时还有摩擦生热提高料温的作用，使黏度进一步降低。点浇口适用于表观黏度对剪切速率敏感的塑料熔体和黏度较低的塑料熔体。点浇口在开模时容易自动切断，在塑件上残留浇口痕迹很小，故被广泛使用。

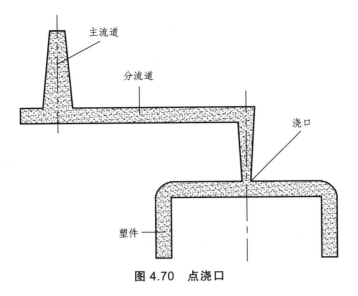

图 4.70　点浇口

⑧ 护耳浇口。护耳浇口如图 4.71 所示。护耳浇口在型腔侧面开设耳槽，当熔体通过浇口进入护耳时，由于浇口与护耳呈 90°角，使得熔体冲击在护耳的对面壁，降低了流速，改变了方向，从而平稳地进入型腔。因浇口离型腔较远，所以，浇口处的残余应力不会影响塑件，塑件的内应力较小。护耳浇口特别适用于流动性不好的塑料，如 PC、PMMA、HPVC 等，但这种浇口的去除比较麻烦，且遗留痕迹较大。

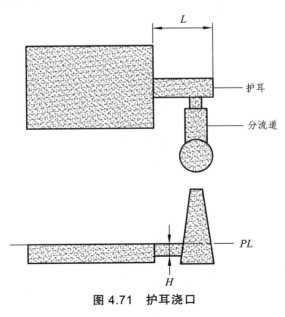

图 4.71　护耳浇口

⑨ 直浇口。直浇口如图 4.72 所示。在单型腔模具中，熔体可直接进入型腔，因而压力损失很小、进料速度快、成型较容易、适应性强、模具简单、保压补缩作用强。但浇口去除困难，浇口痕迹明显，易产生较大的内应力、气孔和缩孔。这种浇口特别适合于大型塑件、厚壁塑件或流动性不好的塑料。

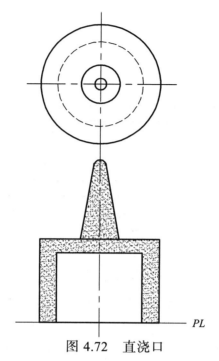

图 4.72　直浇口

⑩ 轮辐浇口。轮辐浇口如图 4.73 所示。这种浇口设在分隔开的几段圆弧上，因此，进料较均匀。与圆环浇口相比，浇口的去除比较容易，浪费材料少，这种结构在型芯的上部定位，从而增加了型芯的稳定性。但是这种塑件上有几条熔接痕，对塑件的外观和强度有一定的影响。这种浇口适用于圆筒塑件和中间带孔的塑件。

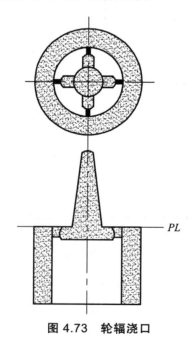

图 4.73　轮辐浇口

⑪ 爪形浇口。爪形浇口如图 4.74 所示。这种浇口是轮辐式浇口演变过来的，它沿圆周的几个点进料，其分流道与爪口不在一个平面上，型芯的顶端伸入定模中，起定位作用，保证了塑件内孔与外圆的同轴要求，但在其塑件上有几条拼合缝，影响了塑件的强度。这种浇口适用于管状塑件，特别是内孔较小或同轴度要求高的塑件。

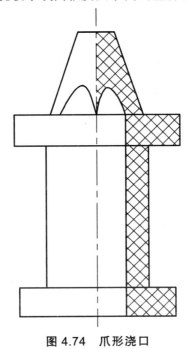

图 4.74 爪形浇口

（2）浇口设计要点。

① 浇口应开设在塑件最大壁厚处，使熔料从厚壁处流向薄壁，以利于快速填充，保证充模完全，如图 4.75 所示。

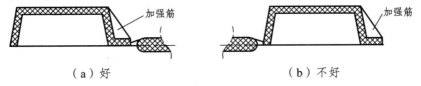

（a）好　　　　　　　　　　　　　　　　　（b）不好

图 4.75 浇口位置的选择

② 浇口位置应该选择在充模流程最短处和便于熔料流动处，以减小压力的损失，如图 4.76 所示。

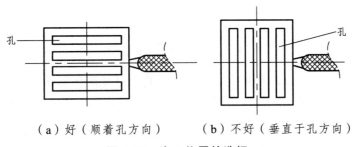

（a）好（顺着孔方向）　　（b）不好（垂直于孔方向）

图 4.76 浇口位置的选择

111

③ 浇口位置的选择应不影响塑件的使用性能，如图 4.77 所示。

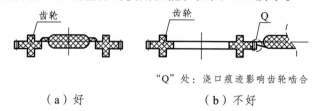

"Q"处：浇口痕迹影响齿轮啮合

（a）好　　　　　　　　　　（b）不好

图 4.77　浇口位置的选择

④ 浇口位置的选择应尽量不影响塑件的外观，如图 4.78 所示。

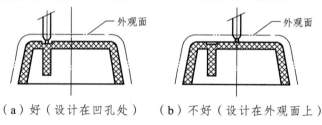

（a）好（设计在凹孔处）　　（b）不好（设计在外观面上）

图 4.78　浇口位置的选择

⑤ 浇口位置应尽量避免或减少由于浇口设计不当而出现的熔接痕，如图 4.79 所示。

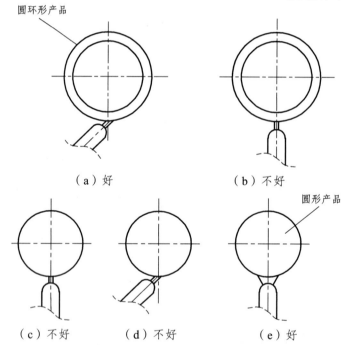

（a）好　　　　　　　　　　（b）不好

（c）不好　　　　（d）不好　　　　（e）好

图 4.79　浇口位置的选择

⑥ 对于大型和不易填充的塑件成型时，为防止塑件翘曲变形和缺料，可采用多点进浇。

⑦ 浇口应尽量设计成便于切除的形式，如针点式浇口、潜伏式浇口或侧浇口等，以便于实现自动化生产。

⑧ 浇口的设计应尽量避免或减小塑件的变形，如图 4.80 所示。

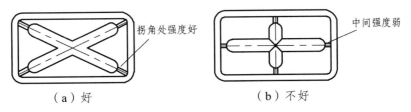

（a）好　　　　　　　　　　　　　（b）不好

图 4.80　浇口位置的选择

⑨ 浇口初始尺寸应选择较小的尺寸，为以后在试模时留下修正余量。

（3）分流道的设计原则。

分流道是使熔体从主流道通过分支流道平稳地进入浇口的通道，它起着分流和转向的作用。分流道的设计原则如下：

① 在满足注塑成型工艺的前提下，分流道截面面积应尽量小，以减少流道废料。流道截面面积不能过小也不能过大，过小会降低注塑速率，延长填充时间，且塑件易出现冷料缩孔等缺陷；过大流道废料增多，冷却时间变长。

② 一模多腔时，分流道的截面面积不能小于浇口截面面积之和，同时分流道截面面积之和也不能大于主流道大端截面面积。

③ 分流道和型腔的分布应排列紧凑，间距合理，尽量对称、均匀、平衡。

④ 分流道效率应尽量大，以便于减少熔料的散热面积、摩擦力和压力损失，流道效率如表 4.1 所示。

表 4.1　分流道截面形状及效率　　　　　　　　　　单位：mm

截面形状 （D 常取 4～8）	ϕD	ϕD	10°~20° ϕD $\frac{2}{3}D$ R
流道效率（η）	0.25D	0.153D	0.195D
加工性	复杂	简单	简单
应用	广泛	有时用	广泛

⑤ 分流道长度应尽量缩短，转向次数应尽量减少，并在转角处用圆角过渡，以利于熔料的流动，减少压力损坏和流道废料。

⑥ 分流道的表面须打磨，但不必很光，一般 Ra 取 1.6 μm；表面稍粗糙有利于使流道表层在摩擦阻力下流速小些，使其产生冷却凝固层，以便保持熔料的温度。

⑦ 分流道设计应结合分型面结构、冷却系统以及顶出机构等综合因素，合理设计其布局及大小。分流道的形状有圆形、梯形等几种，从减少压力和热量损失的角度来看，圆形流道是最优越的流道形状。当分型面是平面或者曲面时，一般采用圆形流道；细水口模，选用梯形流道，当流道只开在前模或者后模时，则选用梯形流道。设计分流道大小时，应充分考虑制品大小、壁厚、材料流动性等因素，流动性不好的材料（如 PC 料）其流道应相应加大，并且分流道的截面尺寸一定要大于制品壁厚，同时应选适合成型品形状的流道长度。流道长则温度降低明显，流道过短则剩余应力大，容易产生"喷池"，顶出也较困难。

流道效率的计算公式：

$$流道效率（\eta）=截面面积（S）/截面周长（L）$$

（4）分流道的布局形式。

① 平衡式分流道：特点是分流道长度、大小相同，流入每个型腔的路径一致；优点是有利于保证进胶的平衡，有利于控制同一模相同塑件的一致性。不同产品的流道示意图如图 4.81~4.84 所示。

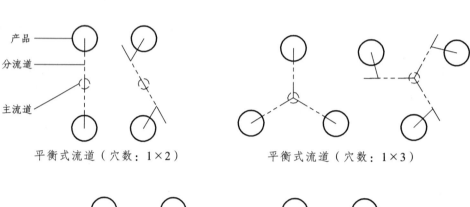

平衡式流道（穴数：1×2）   平衡式流道（穴数：1×3）

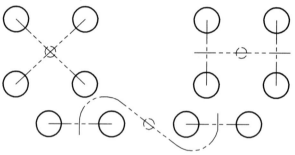

平衡式流道（穴数：1×4）

图 4.81　平衡式流道示意图

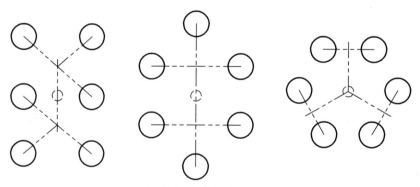

平衡式流道（穴数：1×6）

图 4.82　平衡式流道示意图

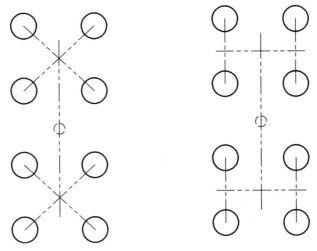

平衡式流道（穴数：1×8）

图 4.83　平衡式流道示意图

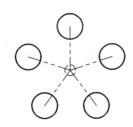

平衡式流道（穴数：1×5）

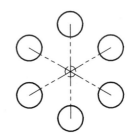

平衡式流道（穴数：1×6）

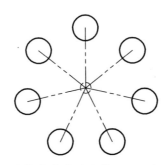

平衡式流道（穴数：1×7）

图 4.84　平衡式流道示意图

　　② 非平衡式：特点是分流道长度、大小不同，流入每个型腔的路径不一致；优点是可以缩短分流道长度，便于塑件在模具中排列，如图 4.85 所示。

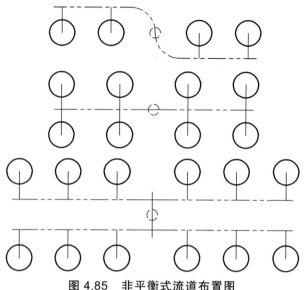

图 4.85　非平衡式流道布置图

③ 单型腔分流道如图 4.86 所示。

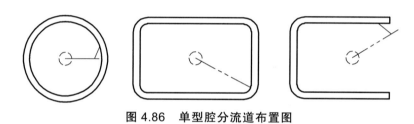

图 4.86　单型腔分流道布置图

（5）分流道尺寸的确定。

确定分流道尺寸时应考虑塑料的流动性、塑件形状的复杂性、塑件尺寸的大小以及模具的结构等。

① 经验计算法：

$$\phi D = 0.265\,4Q^{1/2}L^{1/4}$$

式中　ϕD ——分流道尺寸，mm；

　　　Q ——经分流道的塑胶量，g；

　　　L ——分流道的长度，mm。

② ϕD 的经验参考值如表 4.2 所示。

表 4.2　ϕD 的经验参考值　　　　　　　　　　　　单位：mm

材料	ABS	PP	PA	PE	POM	PS	PVC	PC	PPO	PSF	PBT	AS
ϕD	4～8	4～8	4～8	4～8	4～10	4～10	4～10	4～10	6～12	6～12	6～12	4～8

4.2.7 流动分析工艺参数设置

在进行流动分析前，用户还需要设置流动分析工艺参数。对于流动分析，用户需要设置模具表面温度、熔体温度等参数。工艺参数的设定实际上是将现实的制造工艺和生产设备抽象化的过程，它将直接影响到产品注塑成型的分析结果。

选择"Analysis"（分析）→"Process Settings Wizard"（工艺参数设定向导），或者直接双击任务窗口 Study Tasks 中的"Process Settings"（工艺参数设定），弹出如图 4.87 所示的对话框，显示工艺参数设置的流动分析设置。

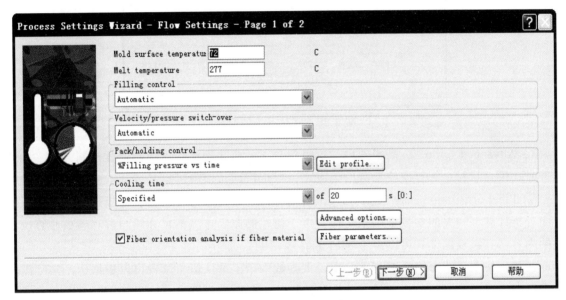

图 4.87 流动分析设置

相关参数主要包括：

① Mold surface temperature：模具表面温度，采用默认值 72 ℃。

② Melt temperature：料温，对于本案例是指进料口处的熔体温度，默认值为 277 ℃，对于没有浇注系统的情况，则是指熔体进入模具型腔的温度。

③ Filling control：填充控制，这里选择默认值 Automatic 自动控制。

④ Velocity/pressure switch-over：注塑机由速度控制向压力控制的转换点，这里选默认值 Automatic 自动控制。

⑤ Pack/holding control：保压及冷却过程中的压力控制，默认值采用保压压力与 V/P 转换点的填充压力（Filling pressure）相关联的曲线控制方法。%Filling pressure vs time 控制曲线的设置如图 4.88 所示。

在图 4.88 中，Filling pressure 表示分析计算时，Fill 过程中 V/P 转换点的填充压力，保压压力为 80%Filling pressure，时间轴的 0 点表示保压过程的开始点，也是填充 Fill 过程的结束点。

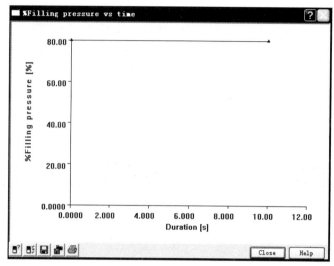

图 4.88　保压压力的设定

⑥ Advanced options：高级选项，这里包含了一些注塑材料、注塑过程控制方法、注塑机型号、模具材料、解算模块参数的信息，一般选用默认值就可以了。

⑦ Fiber orientation analysis if fiber material：如果是纤维材料则会在分析过程中进行纤维定向分析计算，相关的参数采用默认值。由于篇幅的原因这里不再介绍与解算器核心算法相关的内容，有兴趣的读者可以参考 MPI 的在线帮助。

注意：在本章所介绍的工艺参数中，大多数采用了默认值，读者可以根据生产实际需要来设置和选择一些参数，特别是在试模和修模的过程中，使用者应该根据实际情况来反复调整注塑工艺参数，从而得到满意的注塑结果。

拓展知识：保压的控制。保压压力对于减小飞边和防止机械损伤有非常重要的意义。良好的保压压力控制方式有助于减小塑件收缩，提高塑件的外观质量。保压时间过长或过短都对成型不利。过长会使得保压不均匀，塑件内应力增大，塑件容易变形，严重时会发生应力开裂；过短则保压不充分，塑件体积收缩严重，表面质量差。

一般来说，保压压力应控制在填充压力的 20% ~ 100%，但有时也可以设置得更高或更低，但必须确保保压压力不能超过注塑机的锁模极限，否则将可能发生胀模的危险，使塑件产生飞边等质量缺陷。默认的保压压力为填充压力的 80%。

保压时间的确定是以浇口冷凝的时间为准，保压时间必须足够长，以保证浇口位置能够冷凝。当浇口冻结以后，塑件的质量将不再增加，因此，可以通过反复增加保压时间和检查塑件质量的方法来确定浇口冻结的时间，即保压时间。例如，先设置保压时间为 2 s，然后再设置保压时间为 4 s，如果塑件的质量不再增加，则浇口冻结的时间发生在 2 s 之内，保压时间就可以设置为 2 s；如果塑件的质量增加了，说明浇口冻结的时间发生在 2 s 之后。重复以上分析，不断增加保压时间使塑件的质量保持恒定，就可以确定出保压时间。

保压方式主要有两种：恒压式保压和曲线式保压。

（1）恒压式保压。

如图 4.89 所示，这种保压方式具有一个或两个恒定的压力降，这些压力降低大小相差不大，以便获得利用保压曲线进行保压的效果。当注塑机不能进行曲线式保压时，就采用恒压式保压方式，注塑机一旦改变了压力大小，又会马上在新的压力值上维持恒定，如果塑件的厚度有较大的变化范畴，那么恒压式保压方法的效果就和曲线式保压一样。

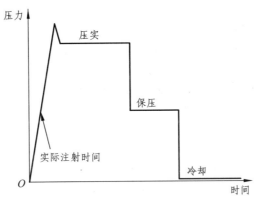

图 4.89　恒压式保压曲线

（2）曲线式保压。

如图 4.90 所示，这种保压方式中压力在时间上呈现出连续、稳定的变化。如果应用得当，曲线式保压方法可以使塑件获得较一致的体积收缩率。体积收缩率的高低是由熔体冷凝时具有的压力大小决定的，压力越大，收缩越小。采用曲线式保压方法还能减少保压压力，减少压力处的压力，增加浇口附近的体积收缩，可以避免过保压现象的发生。

当注塑机具备设置保压曲线的能力时，可以采用曲线式保压方法。但是，如果当塑件厚度变化较大时，曲线式保压方法并不能取得很好的保压效果。这是因为塑件壁厚较厚的地方要获得和壁厚较薄的地方相同的体积收缩率，需要更高的压力。

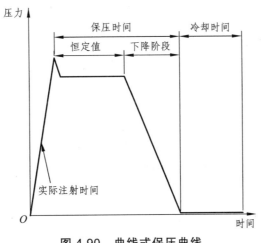

图 4.90　曲线式保压曲线

4.2.8 前处理完成

通过上面介绍的这些内容，完成了本章案例的分析前处理工作，分析任务窗口显示如图4.91所示，表示前处理的各项工作已经完成。

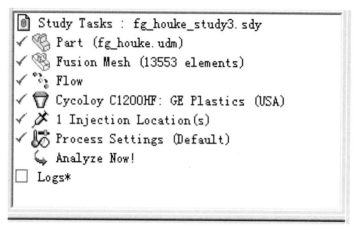

图4.91 前处理工作完成

4.2.9 分析计算

在完成了产品模型的前处理工作之后，即可进行分析计算，整个解算器的计算过程基本由 MPI 系统自动完成。

双击任务栏窗口中的"Analyze Now!"解算器开始计算，任务栏窗口显示如图 4.92 所示。

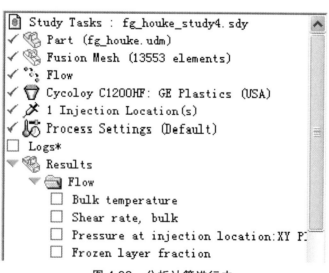

图4.92 分析计算进行中

选择"Analyze"（分析）→"Job Manager"（任务管理器）可以看到任务队列，如图 4.93 所示，从中可以看出 MPI 计算过程是一个反复迭代的过程。

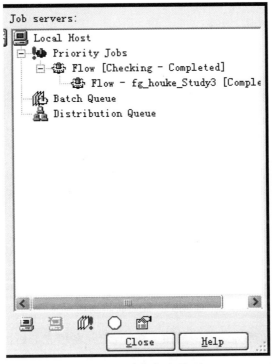

图 4.93　分析任务队列

通过分析计算的输出信息 Screen output，可以监控分析的整个过程，输出的信息包括：
① 产品模型的网格读入和单元检查，如图 4.94 所示。

```
Copyright Moldflow Corporation and its worldwide subsidiaries. All rights reserved.
(C)2000 2001 2002 2003 2004 2005 2006
This product may be covered by
    US patent 6,096,088 ,
    Australian Patent No. 721978 ,
and foreign patents and pending applications



Flow Analysis


Version: mpi610  (Build 06444)
        32-bit build

Analysis commenced at        Sun Mar 03 12:08:32 2013

Analysis running on host: 20020101-0010
        Operating System: Windows XP Service Pack 3
          Processor type: AuthenticAMD x86 Family 16 Model 6 Stepping 2 ~2812 MHz
    Number of Processors: 2
  Total Physical Memory: 2047 MBytes
```

图 4.94　产品模型的网格读入和单元检查

② 注塑材料属性，如图 4.95 所示。

```
Material data :

  Polymer   : Cycoloy C1200HF : GE Plastics (USA)
  ---------
  PVT Model:    2-domain modified Tait
                coefficients: b5 =     401.2400 K
                              b6 =  2.1280E-07 K/Pa

                Liquid phase              Solid phase
                -----------------------------------------

                b1m =        0.0009   b1s =       0.0009 m^3/kg
                b2m =  6.6700E-07    b2s = 2.8190E-07 m^3/kg-K
                b3m =  1.7305E+08    b3s = 2.2450E+08 Pa
                b4m =        0.0053   b4s =       0.0039 1/K
                                     b7  =       0.0000 m^3/kg
                                     b8  =       0.0000 1/K
                                     b9  =       0.0000 1/Pa

  Specific heat (Cp)                       = 1990.0000 J/kg-C
```

图 4.95 注塑材料属性

③ 各类分析的进程和部分结果，如图 4.96 所示，在填充分析的进度显示中可以清楚地看到有关时间、填充程度、压力、锁模力、熔体流速和 V/P 转换的情况。

```
Filling phase:    Status: V  = Velocity control
                          P  = Pressure control
                          V/P= Velocity/pressure switch-over

  |---------------------------------------------------------------|
  | Time  | Volume|  Pressure  | Clamp force|Flow rate|Status |
  | (s)   | (%)   |  (MPa)     | (tonne)    |(cm^3/s) |        |
  |---------------------------------------------------------------|
  | 0.03  |  4.29 |      5.61  |      0.00  |  13.58  |   V    |
  | 0.05  |  9.23 |      7.97  |      0.00  |  13.89  |   V    |
  | 0.08  | 14.35 |     11.32  |      0.02  |  13.45  |   V    |
  | 0.10  | 18.58 |     14.51  |      0.06  |  13.50  |   V    |
  | 0.12  | 22.74 |     17.64  |      0.14  |  13.53  |   V    |
  | 0.15  | 27.60 |     20.04  |      0.20  |  13.82  |   V    |
  | 0.17  | 32.10 |     21.97  |      0.26  |  13.80  |   V    |
  | 0.19  | 35.67 |     24.24  |      0.34  |  13.59  |   V    |
  | 0.21  | 39.70 |     31.70  |      0.59  |  12.75  |   V    |
  | 0.23  | 43.28 |     45.34  |      1.09  |  13.26  |   V    |
  | 0.26  | 47.77 |     51.79  |      1.50  |  13.56  |   V    |
  | 0.28  | 52.36 |     56.63  |      1.91  |  13.81  |   V    |
  | 0.30  | 57.18 |     59.97  |      2.31  |  13.94  |   V    |
  | 0.33  | 61.84 |     62.69  |      2.71  |  13.93  |   V    |
  | 0.35  | 66.45 |     66.88  |      3.37  |  13.92  |   V    |
  | 0.37  | 71.01 |     70.95  |      4.05  |  13.96  |   V    |
  | 0.40  | 75.54 |     76.27  |      5.04  |  13.96  |   V    |
  | 0.42  | 80.08 |     81.36  |      6.02  |  14.03  |   V    |
  | 0.44  | 84.65 |     86.68  |      7.22  |  14.07  |   V    |
```

图 4.96 填充分析进程

注意：在 Screen output 中经常会出现有关网格模型的警告 Warming 和错误 Error 信息，用户可以根据这些信息，对产品模型进行相应的修改和完善，从而获得更为可靠的分析计算结果。

4.3 分析结果的解读

分析计算结束后，MPI 会生成大量的文字、图形和动画结果，并且分类显示在任务栏 Study Tasks 窗口中。由于分析结果内容非常丰富，这里不一一介绍，这里仅分析一些主要的流动计算结果。

4.3.1 Fill time（填充时间）

Fill time 为动态结果，它可以显示从进料开始到充模完成整个注塑过程中，任一时刻流动前沿 Flow front 的位置。图 4.97 为熔体充满型腔时的结果显示。选择"Results"（结果）→"Query Results"（查询结果）命令，可以单击产品上的任意位置，从而显示熔体到达该位置的时间。

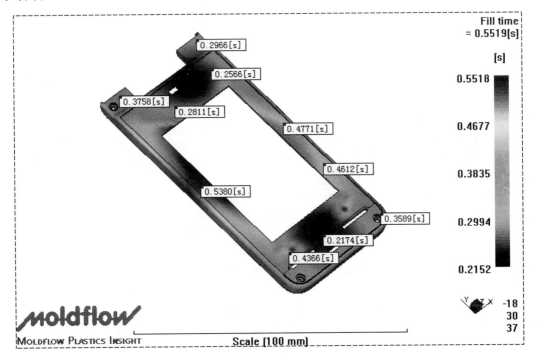

图 4.97 填充时间

较为均衡的填充过程在 Fill time 结果中主要体现在两个方面：

① 熔体基本上在同一时刻到达型腔各端部。

② 以等值线形式（在"Results"→"Plot properties"→"Method"中可以设置）显示

的结果中，等值间距比较均匀，因为同一结果中稀疏的等值线表示流速缓和，密集的等值线表示流速湍急，如图 4.98 所示。

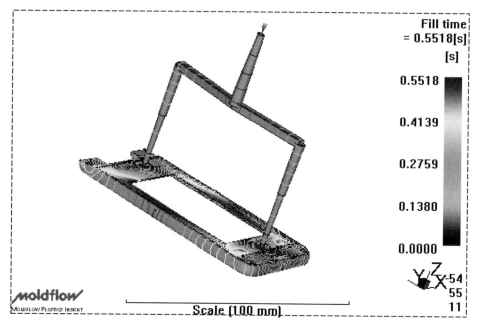

图 4.98　填充时间的等值线表示

注意：利用 Fill time 结果可以发现以下一些注塑过程中出现的问题：

① 短射（Short Shot）和迟滞（Hesitation）：在 Fill time 结果中，短射部分以灰色表示，非常明显；还有一种情况，当等值线密集在一个很小的区域内时往往会发生迟滞现象而导致短射。

② 过保压（Overpacking）：如果熔体在某一方向的流道上首先充满型腔，就有可能发生过保压的情况，过保压可能会导致产品不均匀的密度分布，从而使产品超出设计质量，浪费材料，更为严重的是导致产品发生翘曲变形。

③ 熔接线（Weld Line）和气泡（Air Trap）：将 Weld Line 和 Air Trap 的分析结果叠加（Overlay）到 Fill time 的结果上，可以清楚地再现缺陷的产品过程。

4.3.2　Pressure at V/P switchover（V/P 转换点压力）

图 4.99 为该模型流动分析的速度和压力切换时的压力结果。V/P 转换点压力是指注射过程中有速度控制向压力控制切换时模具型腔内熔体的压力。从图中可知，翻盖后壳的 V/P 转换点压力为 100.7 MPa，V/P 转换点对注塑过程有着重要的影响，转换过早会造成：

① 由于螺杆不到位产生的欠注现象。

② 由于螺杆速度减慢造成注塑周期过长。

转换过迟会造成：

① 由于过高的注射压力导致飞边。

② 由于熔体过度挤压造成产品表面烧痕。

③ 由于压力过大造成注塑设备损坏。

图 4.99　V/P 转换点压力

4.3.3　Temperature at flow front（流动前沿温度）

图 4.100 为该模型流动分析的熔体流动前沿温度结果。从图中可以看出，熔体流动前沿温度为 170.9 ~ 284.2 ℃，温度差异较大，需要对其进行改善。

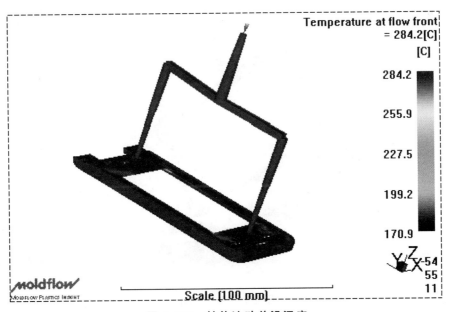

图 4.100　熔体流动前沿温度

4.3.4 Pressure end of filling（填充末端的压力分布）

Pressure end of filling 显示了填充结束时型腔内及流道内的压力分布，如图 4.101 所示，此时型腔内的最大压力为 60.51 MPa，进料口处的最大压力为 80.59 MPa，如图 4.102 所示。

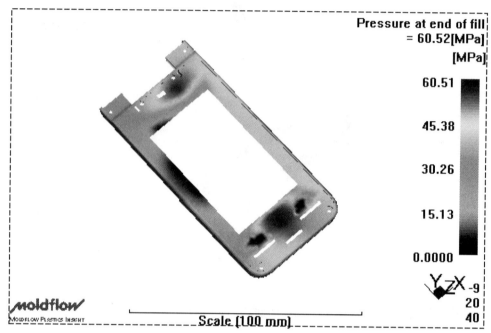

图 4.101　填充末端的压力分布

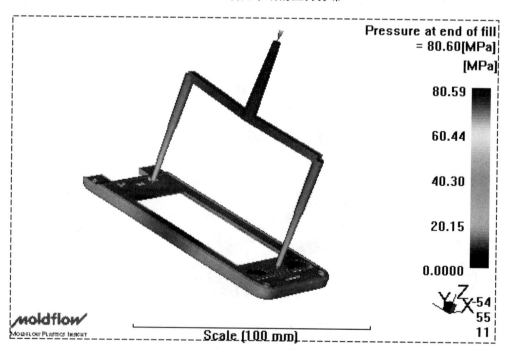

图 4.102　进料口处的最大压力

4.3.5 Pressure at injection location：XY Plot（注射位置处的压力：XY 图）

Pressure at injection location：XY Plot 为产品进料口位置的压力在注射、保压、冷却整个过程中的变化图，如图 4.103 所示。

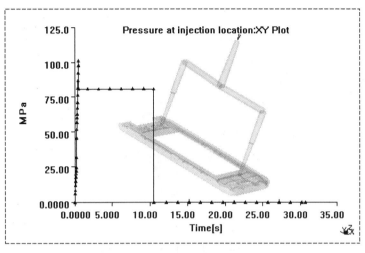

图 4.103 注射位置处的压力

从图中可知，在 V/P 切换点前，压力为 100.7 MPa，在 V/P 切换点，压力降为 80.59 MPa，然后一直维持到 10.5 s 后降为 0 MPa。

4.3.6 Volumetric shrinkage at ejection（顶出时的体积收缩率）

图 4.104 为模型的顶出时的体积收缩率。在正常情况下，顶出时塑件的体积收缩率应该分布较均匀，且控制在 5% 以内。从图中可以看出，塑件顶出时的体积收缩率范围为 0.624 7% ~ 8.208%，分布范围较宽，没有达到所需要的要求。

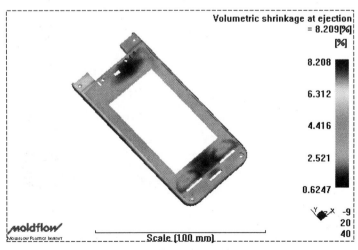

图 4.104 顶出时的体积收缩率

4.3.7 Bulk temperature at end of fill（填充末端的平均温度）

Bulk temperature 是沿产品壁厚方向上以熔体流速为权值的平均温度，它表示产品上某一位置的能量传递。如图 4.105 所示，型腔内熔体的最高平均温度为 291.8 ℃。

图 4.105　填充末端的平均温度

注意：通过 Bulk temperature at end of filling 的显示结果，可以发现产品在注塑过程中温度较高的区域，如果最高平均温度接近或超过聚合物材料的降解温度，或是出现局部过热的情况，都需要重新设计浇注、冷却系统或改变工艺参数。

4.3.8 Weld line（熔接线）

熔接线会使得产品强度降低，特别是在产品可能受力的部位，产品的熔接线会造成产品结构上的缺陷，影响产品的外观质量。图 4.106 为产品上熔接线的位置，将熔接线结果叠加到 Fill time 的结果上还可以分析熔接线产生的机理，从而更加合理地优化设计。

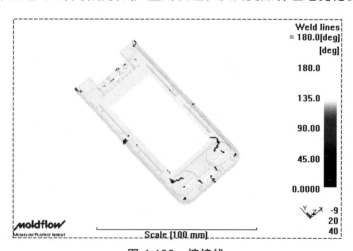

图 4.106　熔接线

4.3.9 Air traps（气泡）

Air traps 的显示结果如图 4.107 所示，它也可以和 Fill time 的动态结果叠加。

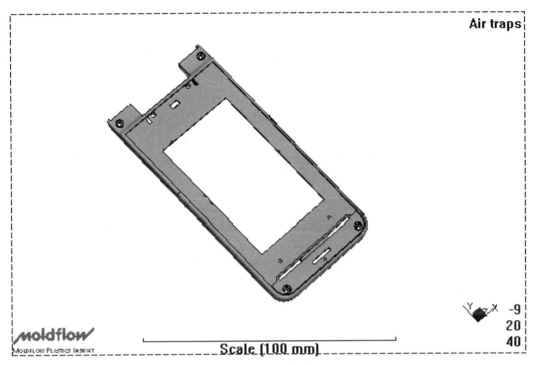

图 4.107　气泡

【本章小结】

本章以翻盖手机中的翻盖后壳为分析案例，通过实例详细介绍了 MPI 中的网格修复工具的使用，并创建浇注系统，用 MPI 模拟塑料熔体在型腔中的流动行为，获得流动分析结果，并对结果进行解释。通过本章的学习，能够掌握以下内容：

（1）能够对网格进行修复。

（2）能够合理地创建浇注系统。

（3）能解释主要的模拟分析结果。

5　塑件的冷却分析

【内容提要】

本章以翻盖手机中的主机前壳为案例，模型如图 5.1 所示。通过实例巩固网格修复工具的使用和浇注系统的创建方法，详细讲述模型冷却系统的创建思路和方法，并对冷却分析结果进行解释。

图 5.1　主机前壳模型

【知识目标】

（1）掌握冷却系统的创建方法。
（2）掌握冷却分析的工艺参数设置方法。
（3）理解主要的冷却分析结果。

【学习重点】

（1）掌握冷却系统的创建方法。
（2）解读分析结果。

【知识建构】

5.1　冷却分析概述

塑料熔体进入型腔内的流动情况可分为填充、压实、倒流和浇口冻结后的冷却 4 个阶段。

浇口冻结后的冷却阶段是指浇口的塑料熔体完全冻结时起到塑件从型腔中顶出时为止。此时，型腔内压力迅速下降，型腔内塑料熔体在这一阶段内主要是继续进行冷却，以便塑件在脱模时具有足够的刚度而不发生扭曲变形。这一阶段，虽无塑料熔体从浇口流出或流进，但型腔内还可能有少量的流动，因此，仍然能产生少量的分子取向。由于型腔内的塑料熔体的温度、压力和体积在这一阶段均有变化，到塑件脱模时，型腔内的压力不一定等于外界压力，型腔内压力与外界压力的差值叫作残余压力。残余压力的大小与压实阶段的时间长短有关。残余压力为正值时，脱模比较困难，塑件容易被刮伤或破裂；残余压力为负值时，塑件表面容易发生凹陷或内部有真空泡。所以，只有残余压力接近零时，脱模才比较顺利，并能获得满意的塑件。

另外，塑料熔体自进入型腔后即被冷却，直到脱模时为止。如果冷却过急或模具与熔体接触的各部分温度不同，则由于冷却不均会导致收缩不均匀，所得的塑件将会产生内应力。即使冷却均匀，塑料熔体在冷却过程通过玻璃化温度的速率还可能快于分子构象转变的速率，这样塑件中也可能出现因分子构象不均衡所引起的内应力。

为了调节型腔的温度，需在模具内开设冷却系统，通过模温调节机调节冷却介质的温度。在进行模具的冷却系统设计时，需要确定的设计参数有：冷却管道的位置、冷却管道的尺寸、冷却管道的类型、冷却管道的布局与连接、冷却管道的回路长度、冷却介质的流动速率。

衡量注射模具冷却系统的优劣有两个标准：第一是使注射模成型冷却时间最短；第二是使注射塑件表面温度均匀，以减少塑件变形。

影响注射成型冷却系统的因素有很多，包括塑件的几何形状、冷却介质、流速、温度、冷却管道的布置、模具材料、熔体温度、塑件顶出温度、模具温度等。用实验的方法测试不同冷却系统对冷却时间和塑件质量的影响是很困难的，而计算机则可以完成这种预测。

在 Moldflow6.1 中，冷却分析是用来模拟熔体在模具内的热量传递情况，从而可以判断塑件冷却效果的优劣，优化冷却系统的设置，缩短塑件的成型周期，提高生产效率，提高塑件的成型质量。

在使用"冷却分析"模块之前，必须先创建好冷却系统。下面介绍冷却系统的冷却效果及影响因素、在实际生产中冷却系统的设计方法等相关知识，为冷却管道创建及项目学习做好基础准备。

5.1.1　冷却系统的冷却效果及影响因素

冷却系统是用来冷却塑件、液压油、浇注系统及模具的，冷却效果的好坏对成型效率和塑件的质量影响很大。它是一个封闭的循环系统，将冷却介质分配到各个独立的回路上并对其流量进行控制。

塑件的成型周期主要包括注射时间、保压时间、冷却时间、开模时间，其中模具的冷却时间占整个周期的 2/3 以上。图 5.2 为注射成型中的热传导方式，注入模具内的塑料熔体所带走的热量通过模具模板进入冷却介质，少量散发到大气中，它们之间的热交换性能决定了冷却系统的冷却效果。因此，影响冷却系统性能的因素主要包括以下几个方面：

① 塑料熔体与模板间的热导率。
② 塑料熔体与模板界面到模板与冷却介质界面的热导率。
③ 模板与冷却介质的热导率。

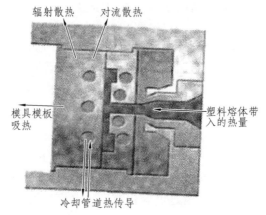

图 5.2 注射成型中的热传导方式

影响塑料熔体与模板间的热导率的因素主要包括：熔体与模板壁面之间的温度梯度、塑料熔体的比热和热传导性能、塑料熔体与模板间的接触性能。在 Moldflow6.1 中，熔体和模板间可以看成是完全接触的，模板温度和塑件的温度是相等的，模板温度对冷却系统的冷却效果影响很大，模板温度越高，冷却效果越差，需要的冷却时间越长。

5.1.2 冷却系统的设计

塑料注射模具冷却系统设计不但对制品精度、变形、耐应力开裂性、表面质量等影响较大，更为重要的是，由于在注射成型过程中，冷却时间占成型周期的 2/3 以上，所以塑料注射模具冷却系统设计的优劣对于塑料制品的生产效率起着至关重要的作用。周围环境和冷却介质（多为水）等因素都影响着模具温度。在生产过程中，热量随着塑料熔体进入模具，并以传导、对流和辐射等方式传递给周围环境，更多的热量则通过热传导被冷却介质带出模具。因此，设计合理的冷却系统，对模具温度进行有效调节是十分必要的。

1. 影响模具温度的因素

（1）模具材料。模具与冷却介质主要是以热传导的方式进行热交换的，因此模具材料的导热性直接影响冷却系统的效率，从而影响模具温度。故有必要选用导热性好的模具材料。

（2）冷却水孔的表面积。型腔表面的温度与冷却水孔的大小、多少都有关系。为了提高冷却效果，冷却水孔的数量应该尽量多些，尺寸尽量大些。冷却水孔越多、越大，冷却阶段与模具的接触面积就越大，带走的热量就越多，冷却效果也相对较好。

（3）冷却水孔的位置。对于壁厚均匀的塑件，水孔离型腔表面的距离要保持相等，并且使距离在保证强度的前提下尽量要小；对于壁厚不均匀的塑件，厚壁处冷却水孔要靠近型腔，水孔间距要小，薄壁处则相反。这样才能够保证模具表面温度均匀一致，塑件质量好。

（4）冷却水的温度。进出模具的冷却水的温度，在某种程度上决定和反映了模具的温度，进水温度低，模具与冷却水之间的热交换就迅速，模具温度下降得就快。出水温度则反映出模具的温度。而进出模具的水温差则直接反映模具温度的均匀程度。

（5）冷却水的流动状态。流体的流动状态一般分为湍流和层流。处于湍流状态的冷却水与模具之间的热交换速度要比层流状态高出 10~20 倍。因此,生产过程中应保证冷却水流量,使之处于湍流状态,增强模具的冷却效果。

（6）模具浇口处的冷却。当熔融塑料注入型腔内,浇口附近的温度最高,距离浇口越远,温度越低。这容易引起塑件的密度不均匀。为了使塑件结晶度均匀一致,至少要在浇口区增大水孔直径或者增加水流槽数目来加强冷却。

2. 冷却系统的设计原则

从影响模具温度的因素来看,除了模具材料和冷却水温度之外,冷却水道的设计对模具温度有重要的影响。

（1）冷却水道应该尽可能多,孔径也尽可能大,但并不是孔径越大越好,还要考虑到冷却水流量,保证形成湍流所需要的流速,以及产生这一流速所需要的压力差。

（2）冷却水道之间的距离应视塑件的壁厚来确定,如上所述,壁厚处,距离应小;壁薄处,距离应大;壁厚均匀,距离宜相等。

（3）浇口处应该加强冷却。

（4）冷却水道的设计应尽量使冷却水出入口处的温差小,一般控制在 5~8 ℃。

（5）应尽量沿着塑件收缩的方向布置冷却水道。

（6）应尽量避免靠近熔接痕处布置冷却水道。

（7）应保证冷却水道不发生泄漏,密封性能好。

（8）冷却水道应避免与模具结构的其他部件发生干涉。

（9）冷却水道的布置应便于加工、清洗和安装。

3. 常见的冷却水道布置

图 5.3 是常见的冷却水道布置形式。

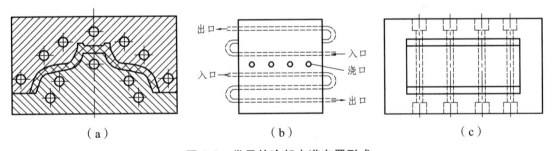

（a）　　　　　　　　（b）　　　　　　　　（c）

图 5.3　常见的冷却水道布置形式

5.2　翻盖手机主机前壳的冷却分析

在 MPI 中,要对模型进行冷却分析,需要对其进行前处理工作,主要包括:

（1）导入 CAD 模型。

（2）划分网格,建立网格模型。

（3）修复优化网格质量。

（4）选择材料。

（5）创建浇注系统。

（6）创建冷却系统。

（7）设置成型工艺条件。

（8）运行分析。

（9）解读分析结果。

由于前面已详细讲述了导入模型、网格划分与修复、选择材料以及浇注系统创建的方法，下面就不再一一讲述，为了读者使用的方便，这里直接提供了完成浇注系统创建的 sdy 文件，读者可以直接打开建立好的模型进行分析计算。

5.2.1　导入主机前壳 sdy 模型

操作步骤如下：

（1）打开 MPI 软件，创建一个新的 Project（项目），选择"File"（文件）→"New Project"（新项目）命令，此时系统会弹出如图 5.4 所示的对话框，在"Project"处输入项目名称"zj_qianke"，默认的创建路径是 MPI 的项目管理路径，也可以自己选择创建路径，然后单击"OK"按钮。

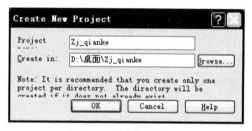

图 5.4　创建新项目

（2）在 Zj_qianke 项目中导入创建好浇注系统等的主机前壳模型的 sdy 文件 zjqianke.sdy。选择"File"（文件）→"Import"（导入）命令，在弹出的对话框中选择"zjqianke.sdy"文件，再单击"打开"按钮，如图 5.5 所示。

图 5.5　选择分析模型

（3）项目管理窗口 Project View 和分析任务窗口 Study Tasks 如图 5.6 所示，主机前壳的分析模型被导入，如图 5.7 所示。

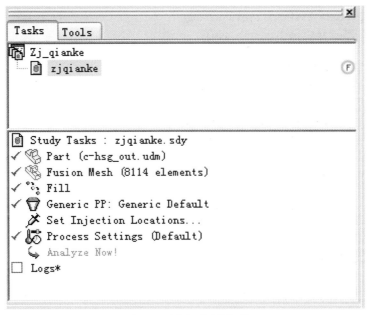

图 5.6　导入分析模型

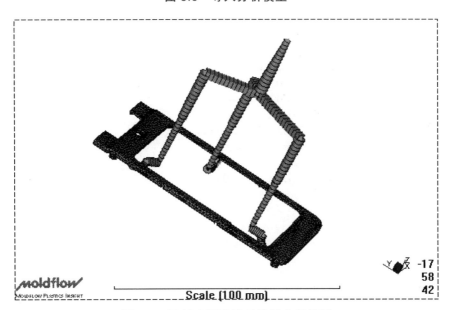

图 5.7　已创建好浇注系统的分析模型

5.2.2　分析类型的设定

本章做的是模型的冷却分析，所以在 MPI 系统中必须含有 Cool（冷却）分析类型，为了分析的全面性，故选择 Cool+Flow+Warp（冷却+流动+变形）分析类型。

选择 "Analysis"（分析）→ "Set Analysis Sequence"（设置分析类型）→ "Cool+Flow+Warp"（冷却+流动+翘曲分析）。这时，分析任务窗口 Study Tasks 中显示发生变化，如图 5.8 所示。

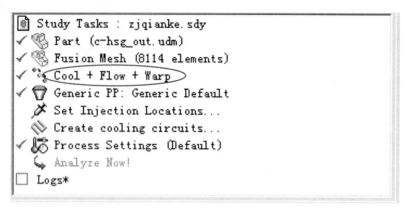

图 5.8　分析类型的设置结果

5.2.3　原材料的选用

MPI 默认状态下的原材料是 PP 料（聚丙烯），一般来说，在手机面板生产中，通常采用 ABS+PC 合金料，本书的案例中，统一选取 GE Plastics（USA）公司的 ABS+PC 合金料，牌号为 Cycoloy C1200HF，如图 5.9 所示。材料详细内容前面已作介绍，这里不再表述。

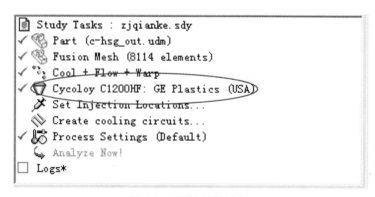

图 5.9　原材料的选择

5.2.4　冷却系统的创建

在 Moldflow6.1 中，冷却系统构件的建模包括：管道、软管、隔水管、喷水管等。

冷却系统网格和浇注系统一样，全都是由线型柱体单元组成的，它也有两种创建方式：直接利用冷却回路向导来创建和手动创建。简单的冷却管道可以通过冷却回路向导来创建，而复杂的不规则的管道、软管、隔水管、喷水管则要手动创建。本案例的冷却系统设计方案如图 5.10 所示。

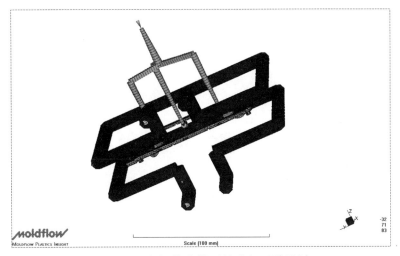

图 5.10　主机前壳模型的冷却系统设计

如图 5.10 所示，冷却系统的设计采用了常用的阶梯式冷却，冷却管道直径为 10 mm，管道的创建方法总体上和浇注系统相同，单元的划分也采用单元杆，只是所赋予的属性不一样，也是采用"点—线—单元杆"的创建思路，下面来介绍冷却系统的具体创建方法。

1. 创建节点

操作步骤如下：

（1）创建节点 N4304。选择"Tools"（工具）→"Create Nodes"（创建点）→"Node by offset"（偏置点）命令，选择以进料点中的节点 N4254 为基点偏置，间距为（－40 15 －68），创建出节点 N4304。

（2）创建节点 N4305。同样的方法，以节点 N4304 为基点，间距为（0 0 20），创建节点 N4306。

（3）创建节点 N4306。同样的方法，以节点 N4305 为基点，间距为（－25 0 0），创建节点 N4306。

（4）创建节点 N4307。同样的方法，以节点 N4304 为基点，间距为（0 50 0），创建节点 N4307。

（5）创建节点 N4308。同样的方法，以节点 N4307 为基点，间距为（80 0 0），创建节点 N4308。创建好一系列节点，如图 5.11 所示。

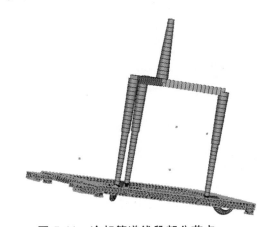

图 5.11　冷却管道线段部分节点

（6）将节点 N4304、N4305、N4306、N4307、N4308 按照对称镜像复制。选择"Modeling"（建模）→"Move/Copy"（移动/复制）→"Reflect"（镜像）命令，弹出如图 5.12 所示的对话框，选择节点 N4304、N4305、N4306、N4307、N4308，以 XZ 为基准平面，单击"Apply"按钮，镜像后的结果如图 5.13 所示。

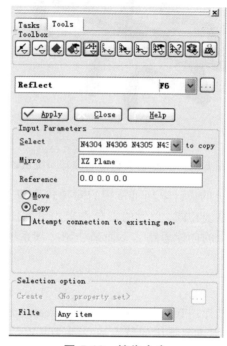

图 5.12　镜像命令

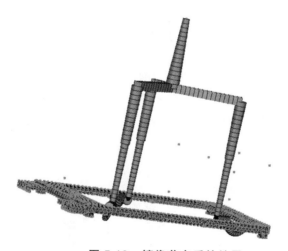

图 5.13　镜像节点后的结果

2. 创建冷却管道中心线

操作步骤如下：

（1）选择"Tools"（工具）→"Create Curves"（创建曲线）→"Create Line"（创建直线）命令，创建出直线 C24、C25、C26、C27、C28、C29、C30、C31、C32、C19。

（2）镜像节点和中心线。选择"Modeling"（建模）→"Move/Copy"（移动/复制）→"Reflect"（镜像）命令，选中前两步创建的节点和中心线，以 XY 为基准平面，选择产品中间节点为基准点，做镜像操作，得到下一层的管道节点和中心线，结果如图 5.14 所示。

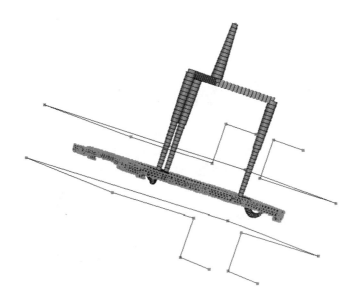

图 5.14　冷却管道中心线

3. 赋予属性

选中直线 C24、C25、C26、C27、C28、C29、C30、C31、C32，单击鼠标右键，选择"New"→"Channel"，弹出如图 5.15 所示的对话框，设置管道直径为 10 mm，单击"确定"按钮，这样就赋予了中心线的属性。

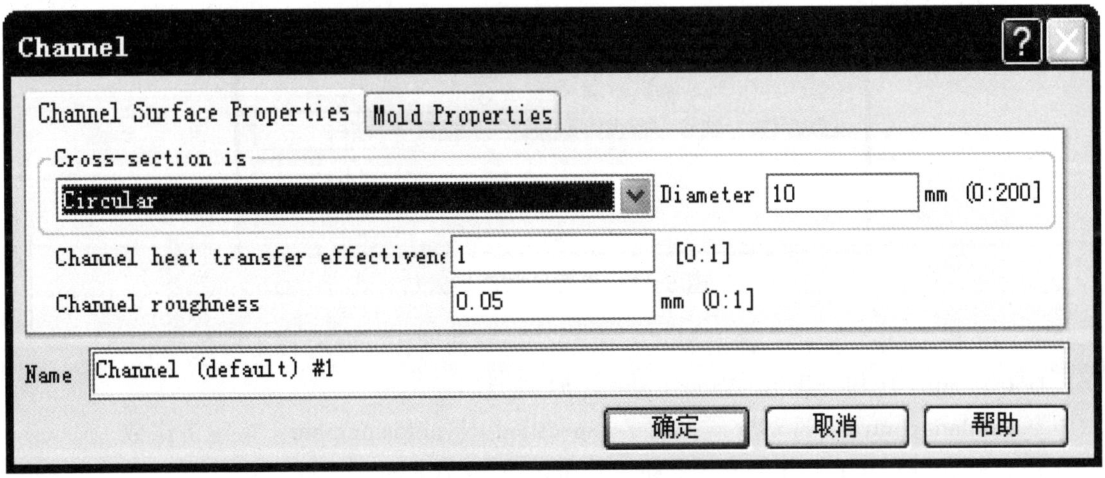

图 5.15　设置管道直径

4. 冷却系统的网格划分

利用图层管理工具，将管道中心线放到独立图层，然后再进行单元划分。

操作步骤如下：

在图层管理窗口中仅显示管道 channel 层，选择"Mesh"（网格）→"Generate Mesh"（生成网格），设置杆单元的大小为 10 mm，单击"Mesh Now"按钮，生成如图 5.16 所示的杆单元。

图 5.16　生成的冷却系统单元杆

5. 冷却系统进水口设置

在完成了冷却系统各部分的建模和网格划分之后，接着要设置进水口位置。

操作步骤如下：

（1）选择"Analysis"（分析）→"Set Coolant Inlet"（设置冷却介质入口）命令，弹出的如图 5.17 所示的对话框。

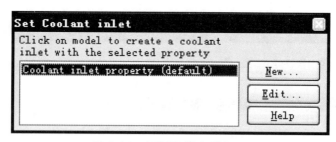

图 5.17　设置冷却介质入口

（2）单击"Edit"按钮，弹出如图 5.18 所示的对话框，设置的有关参数如下：

① Coolant（冷却介质）：Water（pure）#1 纯水。

② Coolant control（冷却介质控制）：Specified Reynolds number（指定雷诺数）。

③ Coolant Reynolds number（冷却介质雷诺数）：10 000（表示湍流）。

④ Coolant inlet temperature（冷却介质在入口处的温度）：25 ℃。

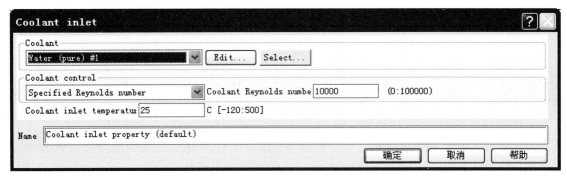

图 5.18　冷却介质参数设置

（3）单击"确定"，此时光标变为"大十字"，为两条冷却管道分别设定进水口位置，如图 5.19 所示，完成后保存。

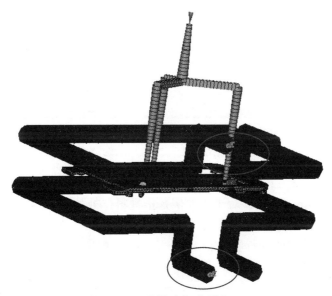

图 5.19　设置冷却介质入口

（4）分析任务窗口显示冷却系统设置完成，只有两条管道，如图 5.20 所示。

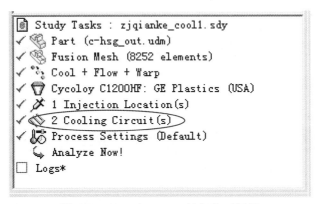

图 5.20　Study Tasks 任务窗口显示

5.2.5 工艺参数的设置

注塑工艺参数包括了整个注塑周期内有关模具、注射机等所有相关设备和冷却、保压、开合模等工艺参数。因此，工艺参数的设定实际上是将现实的制造工艺和生产设备抽象化的过程，工艺参数的设计将直接影响产品注塑成型的分析结果。

操作步骤如下：

（1）选择"Analysis"（分析）→"Process Settings Wizard"（工艺参数设定向导），或者直接双击任务窗口 Study Tasks 中的"Process Settings"（工艺参数设定），弹出如图 5.21 所示的对话框，显示工艺参数设置的第 1 页冷却分析设置 Cool Settings。

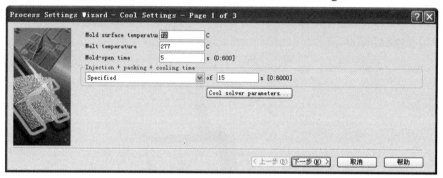

图 5.21　冷却分析设置 Cool Settings

第 1 页上的参数主要包括：

① Mold surface temperature：模具表面温度，采用默认值 72 ℃。

② Melt temperature：料温，对于本案例是指进料口处的熔体温度，默认值为 277 ℃，对于没有浇注系统的情况，则是指熔体进入模具型腔的温度。

③ Mold-open time：开模时间，指一个产品注塑、保压、冷却结束到下一个产品注塑开始间隔的时间间隔，默认为 5 s。

④ Injection+packing+cooling time：注射、保压、冷却时间周期。Mold-open time+Injection+packing+cooling time = Total cycle time（注塑成型周期）。选择下拉列表框中的"Specified"（指定），默认值为 30 s。

（2）单击"下一步"，进入第 2 页流动分析设置 Flow Settings，如图 5.22 所示，具体参数前面已解析，这里不再表述。

图 5.22　流动分析设置 Flow Settings

（3）单击"下一步"，进入第 3 页翘曲分析设置 Warp Settings，如图 5.23 所示，这里默认的翘曲分析类型为小变形 Small deflection 分析。

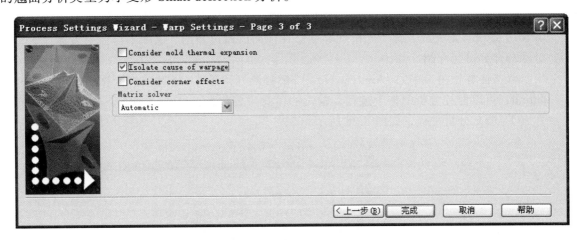

图 5.23　翘曲分析设置 Warp Settings

第 3 页上的参数主要包括：

① Consider mold thermal expansion：在注塑过程中，随着模温的升高，模具本身会产生热膨胀的现象，从而导致型腔的扩大，选择该选项会考虑模具的热膨胀，从而对分析结果产生影响。

② Isolate cause of warpage：独立的翘曲分析，选择该选项将会在变形分析结果中分别列出冷却 Cooling、收缩率 Shrinkage、分子定向 Orientation 等因素对产品变形量的贡献。

③ Consider corner effects：考虑拐角聚热对变形的影响。

④ Use iterative solver：使用迭代解算器，该项针对大型网格模型，可以提高计算效率，减少分析时间。

5.2.6　前处理完成

通过上面介绍的这些内容，完成了本章案例的分析前处理工作，分析任务窗口显示如图 5.24 所示，表示前处理的各项工作已经完成。

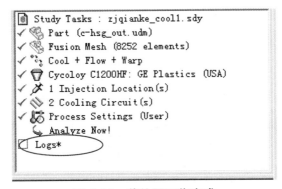

图 5.24　前处理工作完成

5.2.7 分析计算

在完成了产品模型的前处理工作之后，即可进行分析计算，整个解算器的计算过程基本由 MPI 系统自动完成，有些分析计算信息在前面已做过介绍，这里不再一一表述，下面主要对冷却计算进行介绍。

双击任务栏窗口中的"Analyze Now!"解算器开始计算。通过分析计算的输出信息 Screen output，可以监控分析的整个过程，输出的信息主要包括：

① 填充分析进程，如图 5.25 所示。

```
|-----------------------------------------------------------------------|
| Time  | Volume| Pressure | Clamp force|Flow rate|Status |
| (s)   | (%)   |  (MPa)   |  (tonne)   |(cm^3/s) |       |
|-----------------------------------------------------------------------|
| 0.03  | 4.82  |    5.85  |    0.00    |  9.12   |  U    |
| 0.07  | 9.67  |    7.33  |    0.00    |  9.23   |  U    |
| 0.10  | 14.71 |    8.99  |    0.01    |  9.32   |  U    |
| 0.13  | 19.10 |   10.16  |    0.02    |  9.36   |  U    |
| 0.16  | 23.56 |   11.36  |    0.05    |  9.38   |  U    |
| 0.19  | 28.72 |   12.91  |    0.08    |  9.37   |  U    |
| 0.22  | 33.19 |   14.50  |    0.11    |  9.35   |  U    |
| 0.25  | 37.99 |   16.16  |    0.15    |  9.36   |  U    |
| 0.28  | 42.74 |   18.07  |    0.20    |  9.30   |  U    |
| 0.31  | 47.18 |   21.10  |    0.28    |  9.16   |  U    |
| 0.34  | 51.52 |   26.57  |    0.44    |  9.06   |  U    |
| 0.37  | 55.67 |   32.70  |    0.65    |  9.27   |  U    |
| 0.40  | 59.26 |   47.63  |    1.32    |  8.61   |  U    |
| 0.44  | 63.88 |   53.33  |    1.56    |  9.49   |  U    |
| 0.47  | 68.58 |   55.09  |    1.71    |  9.46   |  U    |
| 0.50  | 73.31 |   58.00  |    1.95    |  9.45   |  U    |
| 0.53  | 77.99 |   62.02  |    2.39    |  9.44   |  U    |
| 0.56  | 82.45 |   67.14  |    2.99    |  9.48   |  U    |
| 0.59  | 87.07 |   72.05  |    3.63    |  9.51   |  U    |
| 0.62  | 91.57 |   76.80  |    4.36    |  9.54   |  U    |
| 0.65  | 96.08 |   82.51  |    5.34    |  9.54   |  U    |
| 0.67  | 98.01 |   85.14  |    5.97    |  9.38   |  U/P  |
| 0.68  | 98.62 |   68.11  |    7.87    |  2.08   |  P    |
| 0.69  | 98.91 |   68.11  |    8.17    |  2.93   |  P    |
| 0.72  | 99.81 |   68.11  |    8.67    |  2.05   |  P    |
| 0.72  |100.00 |   68.11  |    8.73    |  1.99   |Filled |
|-----------------------------------------------------------------------|
```

图 5.25　填充分析进程

② 保压分析进程，如图 5.26 所示。

```
Packing phase:
|-----------------------------------------------------------------------|
| Time  |Packing| Pressure | Clamp force|     Status         |
| (s)   | (%)   |  (MPa)   |  (tonne)   |                    |
|-----------------------------------------------------------------------|
| 0.72  | 0.00  |   68.11  |    8.75    |      P             |
| 1.63  | 6.37  |   68.11  |    4.36    |      P             |
| 2.38  | 11.62 |   68.11  |    2.56    |      P             |
| 2.88  | 15.12 |   68.11  |    2.35    |      P             |
| 3.63  | 20.37 |   68.11  |    2.04    |      P             |
| 4.38  | 25.62 |   68.11  |    1.71    |      P             |
| 5.13  | 30.87 |   68.11  |    1.43    |      P             |
| 5.88  | 36.12 |   68.11  |    1.17    |      P             |
| 6.63  | 41.37 |   68.11  |    0.90    |      P             |
| 7.38  | 46.63 |   68.11  |    0.70    |      P             |
| 7.88  | 50.13 |   68.11  |    0.58    |      P             |
| 8.63  | 55.38 |   68.11  |    0.43    |      P             |
| 9.38  | 60.63 |   68.11  |    0.31    |      P             |
| 10.13 | 65.88 |   68.11  |    0.21    |      P             |
| 10.68 | 69.76 |    0.00  |    0.16    |      P             |
| 10.68 |       |          |            |Pressure released   |
|-----------------------------------------------------------------------|
| 10.72 | 70.03 |    0.00  |    0.15    |      P             |
| 11.58 | 76.04 |    0.00  |    0.09    |      P             |
| 12.33 | 81.29 |    0.00  |    0.05    |      P             |
| 13.08 | 86.54 |    0.00  |    0.02    |      P             |
| 13.58 | 90.04 |    0.00  |    0.01    |      P             |
| 14.33 | 95.29 |    0.00  |    0.00    |      P             |
| 15.08 |100.00 |    0.00  |    0.00    |      P             |
|-----------------------------------------------------------------------|
```

图 5.26　保压分析进程

5.3 分析结果的解读

5.3.1 流动分析结果

1. Fill time（填充时间）

如图 5.27 所示，最长的填充时间为 0.716 1 s，塑件未出现短射的情况，很大原因是因为采用了 3 个进浇口，降低了填充压力，如果采用单点进胶，很可能会发生短射。

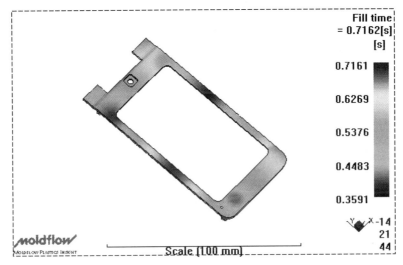

图 5.27 填充时间

2. Pressure at V/P switchover（V/P 转换点压力）

图 5.28 为 V/P 转换点压力，从图中可知，翻盖后壳的 V/P 转换点压力为 85.14 MPa。

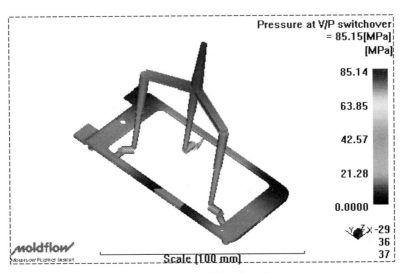

图 5.28 V/P 转换点压力

3. Pressure end of filling（填充末端的压力分布）

图 5.29 为 Pressure end of filling 压力分布图，由图可知，型腔内的最大压力为 53.28 MPa。

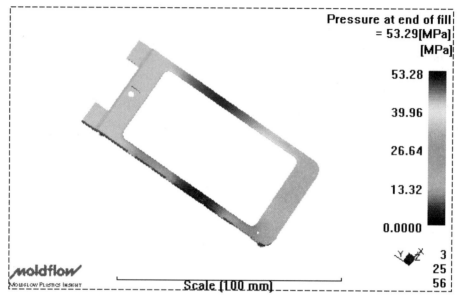

图 5.29　填充末端的压力分布

4. Pressure at injection location：XY Plot（注射位置处的压力：XY 图）

图 5.30 为产品进料口位置的压力在注射、保压、冷却整个过程中的变化图。

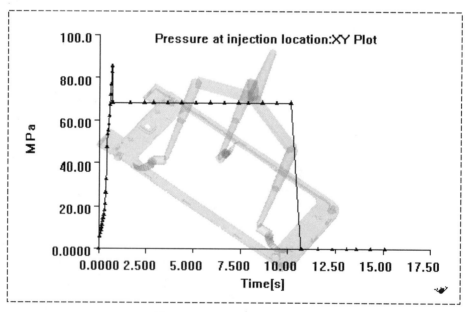

图 5.30　注射位置处的压力

从图中可知，在 V/P 切换点前，压力为 85.14 MPa，在 V/P 切换点，压力降为 68.11 MPa，然后一直维持 10 s 后降为 0 MPa。

146

5. Volumetric shrinkage at ejection（顶出时的体积收缩率）

图 5.31 为模型的顶出时的体积收缩率。从图中可以看出，塑件顶出时的体积收缩率范围为 0.325 7%～6.737%，分布范围较宽，没有达到所需要的要求。

图 5.31　顶出时的体积收缩率

6. Weld lines（熔接线）

图 5.32 为产品上的熔接线位置，聚合物熔体流动发生分流后再汇合是产生熔接线的主要原因，熔接线的存在直接影响塑件的外观质量及力学性能。

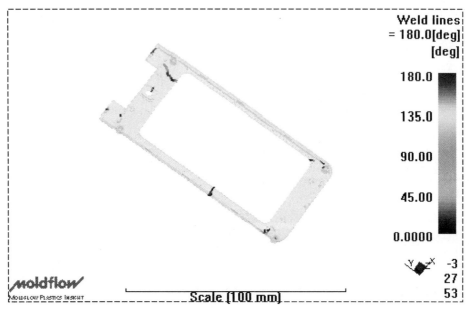

图 5.32　熔接线

浇口数目影响着熔接线的数目，在实际的注射成型工艺中，可以通过提高模具温度的方法来改善熔接线，图 5.33 是通过变模温技术处理后的熔接线分布情况，可以看出，熔接线数目和长度明显得到了改善。

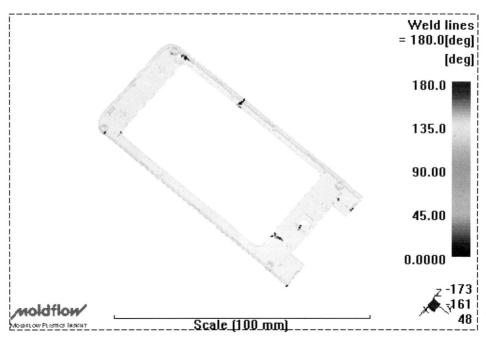

图 5.33　变模温技术处理后的熔接线分布

7. Air traps（气泡）

图 5.34 为塑件在成型过程中产生的气泡。

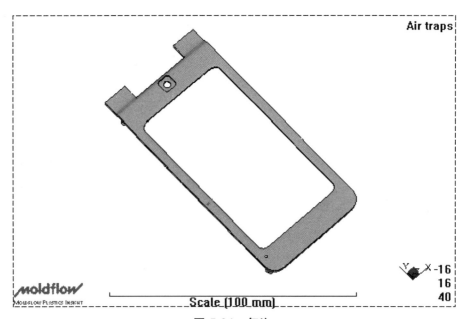

图 5.34　气泡

5.3.2 冷却分析结果

1. Maximum temperature，part（产品最高温度）

Maximum temperature，part（产品最高温度）显示了冷却周期结束时计算出的产品最高温度，如图 5.35 所示，最高温度为 45.69 ℃。

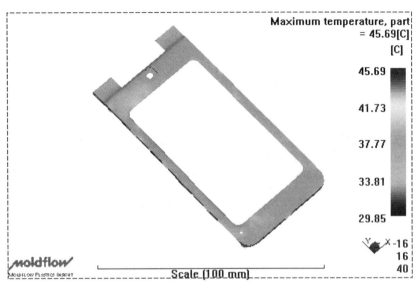

图 5.35　产品最高温度

2. Circuit coolant temperature（冷却介质温度）

Circuit coolant temperature（冷却介质温度）显示了冷却周期结束时计算出的冷却系统中冷却介质的温度，如图 5.36 所示。

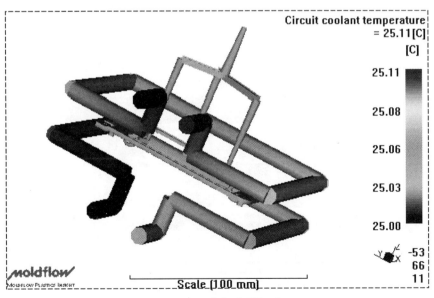

图 5.36　冷却介质温度

回路中冷却介质的升温应该小于 2 ~ 3 ℃，本案例中冷却水升温仅有 0.11 ℃，满足要求。

3. Circuit metal temperature（回路管壁温度）

图 5.37 为 Circuit metal temperature（回路管壁温度）结果。从图 3.37 中可以看出，回路管壁温度比冷却液入口高 1.72 ℃，小于 5 ℃，符合要求。

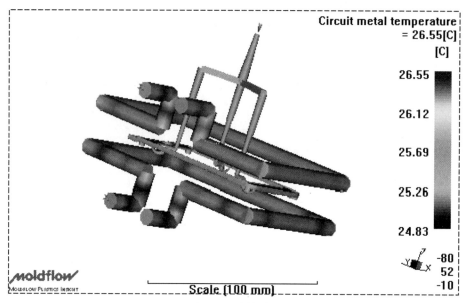

图 5.37　回路管壁温度

4. Average temperature，part（产品平均温度）

图 5.38 为产品平均温度，从图中可以看出，产品平均温度为 41.88 ℃。

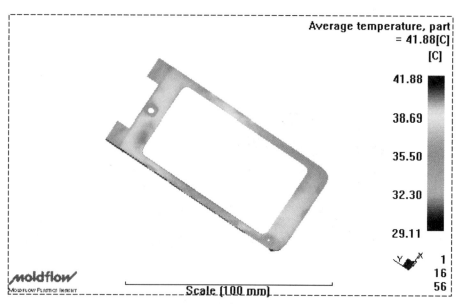

图 5.38　产品平均温度

5. Time to freeze，part（产品凝固时间）

图 5.39 为产品凝固时间，从图中可以看出，产品凝固时间为 2.349 s。

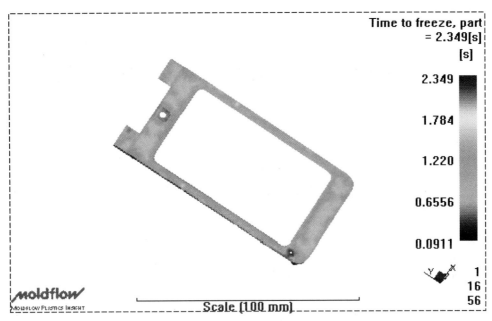

图 5.39　产品凝固时间

【本章小结】

本章以翻盖手机中的主机前壳为分析案例，通过实例详细介绍了冷却分析的目的、冷却管道的创建方法、冷却工艺参数的设置以及冷却分析结果的解读。通过本章的学习，能够掌握以下内容：

（1）掌握冷却管道的创建方法和技巧。

（2）掌握冷却工艺参数的设置方法。

（3）能理解冷却分析结果。

6 塑件的注塑工艺参数优化

【内容提要】

本章主要介绍 MPI 软件在注塑工艺参数优化控制中的应用，结合翻盖手机中的电池壳为实例，模型如图 6.1 所示。介绍利用 MPI 软件，通过调整注塑工艺参数的方法来改善产品的质量缺陷，提高塑件的成型质量。

图 6.1 手机电池壳模型

【知识目标】

（1）了解注塑工艺参数对产品成型质量的影响。
（2）掌握保压曲线的调整方法和使用技巧。
（3）掌握利用调整工艺参数的方法来改善产品的成型质量缺陷。

【学习重点】

（1）了解保压条件对成型质量的影响。
（2）掌握保压曲线的调整方法和使用技巧。

【知识建构】

6.1 注塑工艺参数对塑件成型质量的影响

注塑成型工艺的核心问题就是采用一切措施以得到塑化良好的塑料熔体，并把它注射到型腔中去，在控制条件下冷却定型，使塑件达到所要求的质量。影响注射成型工艺的重要参数是塑化流动和冷却的温度、压力以及相应的作用时间。本书第 1 章中已经详细讲述了注塑工艺参数的基本内容，这里简单概述主要的工艺参数对塑件成型质量的影响。

6.1.1 模具温度

模具温度指的是和制品接触的模腔表面的温度，它直接影响着制品在模腔中的冷却速度，从而对制品的内在性能和外观质量都有很大的影响。

1. 对塑件外观的影响

较高的模温可以改善树脂的流动性，从而使制件表面平滑、有光泽，特别是对提高玻璃纤维增强型树脂制件的表面美感尤为突出；同时还可改善熔接线的强度和外观。而对于蚀纹面，如果模温较低的话，熔体较难填充到纹理的根部，使得制品表面显得发亮，"转印"不到模具表面的真实纹理，提高模具温度和料温后可以使制品表面得到理想的蚀纹效果。

2. 对塑件内应力的影响

塑件内应力的形成基本上是由冷却时不同的热收缩率造成的，当塑件成型后，它的冷却是由表面逐渐向内部延伸，表面首先收缩硬化，然后渐至内部，在这个过程中由于收缩快慢之差而产生内应力。当塑件内的残余内应力高于树脂的弹性极限，或在一定的化学环境的侵蚀下时，塑件表面就会产生裂纹。

模温是控制塑件内应力最基本的条件，稍许改变模温，对塑件的残余内应力将有很大的改变。一般来说，每一种产品和树脂的可接受内应力都有其最低的模温限度。但成型薄壁塑件或熔体有较长流动距离时，其模温应比一般成型时的最低限度要高些。

3. 对塑件翘曲变形的影响

如果模具的冷却系统设计不合理、模具温度控制不当、塑件冷却不足，都会引起塑件翘曲变形。对于模具温度的控制，应根据制品的结构特征来确定凸模与凹模、模芯与模壁、模壁与嵌件间的温差，从而利用控制模塑各部位冷却收缩速度的不同，以及塑件脱模后更趋于向温度较高的一侧牵引方向弯曲的特点，来抵消取向收缩差，避免塑件按取向规律翘曲变形。对于形体结构完全对称的塑件，模温应相应保持一致，使塑件各部位的冷却均衡。

4. 对塑件成型收缩率的影响

较低的模温使分子"冻结取向"加快，使得模腔内熔体的冻结层厚度增加，同时模温低阻碍了结晶的生长，从而降低了制品的成型收缩率。相反，模具温度高，则熔体冷却缓慢，松弛时间长，取向水平低，有利于结晶，产品的实际收缩率较大。模具温度在注塑成型工艺中是最基本的控制参数之一，同时在模具设计中也是首要考虑的因素。它对制品的成型、二次加工和最终使用过程的影响是不可低估的。

6.1.2 注射压力

注射压力对塑件的成型质量有着重要的影响，提高注射压力有助于熔体充模、提高熔接线强度、增加塑件密度、减小塑件收缩、提高尺寸稳定性等。但塑件内应力及取向也会随之增加，造成塑件脱模困难，还会损伤制品表面。一般来说，较高的注射压力对产品的综合性能是有益的，但过高的注射压力容易造成熔体喷射式流动，在塑件内形成气泡、银纹，甚至烧伤制品，也容易使塑件产生溢料或飞边，引起过度填充，使塑件内应力增大，产生变形和翘曲；另外，脱模时易出现裂纹、划伤或顶出变形，同时对模具本身也会带来不良影响。

因此，注射压力的确定主要考虑塑件材料的特性及制件结构，并克服熔体从机筒到模腔的流动阻力，将熔料送入型腔并将之压实。对于薄壁长流程、结构复杂件，注射压力可适当高些，以提高熔体流动性，有利于充模；反之则宜取压力范围内接近低限的值。注射压力并不能全部传递到型腔中，熔体经过流道、浇口后，进入型腔的实际压力只有注射压力的 40%~70%，而且在型腔内各处的分布也不同，在浇口附近的压力要高于远离浇口处的压力。为了防止溢料或飞边产生，减少脱模难度，对于流动性好的塑料，以及具有镶嵌结构的模具宜取低压成型；而对于尺寸精度要求高、脱模板结构的模具等，应取较高的注射压力为宜。

6.1.3 保压压力和保压时间

保压工艺条件与塑件的成型质量密切相关。保压压力影响着塑件的缩痕、尺寸稳定性，以及浇口附近的取向度和脱模等。较高的保压压力显然可以增加制件密度，减少或消除制件缩痕，提高尺寸稳定性，防止物料产生倒流现象等。但同时也会带来制件取向增高、冷却时间加长、不易脱模等不利影响，使制件容易产生变形、表面划伤等，也容易使制件产生飞边，影响表观质量。这里需要注意的是从注射压力到保压压力的切换，不能太早也不可太晚。如切换太早，会导致充模不足，制件不密实并易发生凹陷、缩孔等；而切换太晚，又可能发生过度填充现象或脱模困难等，影响制件质量。

保压压力的选择，主要考虑的质量因素是翘曲变形、制件尺寸稳定性及进料口附近的取向、脱模等。大多数塑料的保压压力为注射压力的 80%~100%，也有个别例外。一般对于材料流动性好、制件形状较为简单、有镶嵌件结构的模具等，保压压力可取低些；反之则可适当取高些。

保压时间也有一个取值范围，对于厚壁、尺寸精度要求高的塑件，以及高的料温和模温、较复杂的浇注系统等，保压时间应长些；否则可适当缩短保压时间，以利于脱模等。一般来说，保压压力持续到浇口凝固后即可停止，保压时间过长会造成能源浪费；保压时间过短，浇口未凝固就停止保压，会造成型腔内的压力大于流道内的压力而产生逆流现象，使塑件表面产生凹陷和残余应力。

6.2 翻盖手机电池壳的初步成型分析

本章分析案例是翻盖手机电池壳，针对电池壳的结构和模具设计，根据实际的生产经验，创建浇注系统和冷却系统，设置相关的工艺参数，对塑件进行初步的流动成型分析，希望通过对仿真结果的分析，找到成型工艺参数中存在的问题，并能解决塑件的质量缺陷，提高成型质量。

6.2.1 分析前处理

在进行塑件的初步流动成型分析之前，要完成的前处理工作主要包括以下几个内容：
（1）创建项目和导入模型。
（2）网格划分及修复网格。
（3）设置分析类型。
（4）选择原材料。
（5）创建浇注系统。
（6）设置工艺参数。

1. 创建项目和导入模型

本章的训练重点是使读者理解注塑成型工艺参数的调整在 MPI 分析中的重要性和掌握优化工艺参数的方法。为了方便读者的使用，在附带的光盘中提供了创建好浇注系统模型的 sdy 格式文件，读者可以直接导入创建好的模型进行分析计算。另外，读者也可在导入基本分析模型之后，删除有关的网格信息，自己可以根据实际需要进行网格的划分和处理，再创建浇注系统和冷却系统，进一步巩固网格模型、浇注系统以及冷却系统的创建方法及技巧。

其操作步骤如下：
（1）打开 MPI 软件，创建一个新的 Project（项目）。

选择"File"（文件）→"New Project"（新项目）命令，此时系统会弹出如图 6.2 所示的对话框，在"Project"处输入项目名称"dianchike"，默认的创建路径是 MPI 的项目管理路径，也可以自己选择创建路径，然后单击"OK"按钮。

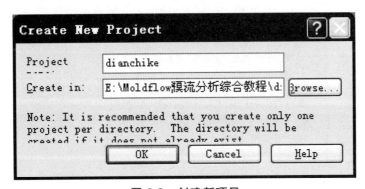

图 6.2　创建新项目

（2）在 dianchike 项目中导入创建好浇注系统等的电池壳模型的 sdy 文件 bat-cov_study.sdy。

选择"File"（文件）→"Import"（导入）命令，在弹出的对话框中选择"bat-cov_study.sdy"文件，再单击"打开"按钮，如图 6.3 所示。

图 6.3　选择分析模型

（3）项目管理窗口 Project View 和分析任务窗口 Study Tasks 如图 6.4 所示，手机电池壳的分析模型被导入，如图 6.5 所示。

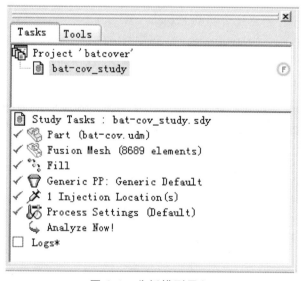

图 6.4　分析模型导入

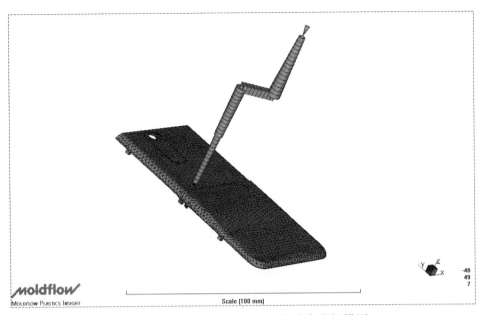

图 6.5　已创建好浇注系统的电池壳分析模型

2. 查看网格模型信息

查看网格模型统计信息，选择"Mesh"（网格）→"Mesh Statistics"（网格统计信息），弹出如图 6.6 所示的网格统计信息对话框。

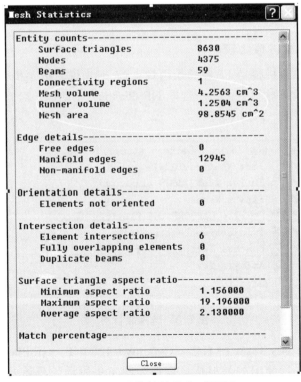

图 6.6　网格统计信息对话框

从图 6.6 中可以看出，网格模型中包括了产品的三角形单元和浇注系统的杆单元，网格信息符合 MPI 分析要求的原则。

3. 设置分析类型

完成产品模型的网格划分、网格缺陷修复及创建好模型的浇注系统之后，依照分析任务窗口 Study Tasks 中的顺序，将设置分析类型。

在 MPI 中，创建一个新的项目 Project 后，默认的分析类型是 Fill 填充分析，本章重点在于让读者体会工艺参数对产品成型质量的影响，故选择"Flow+Warp"分析。选择"Analysis"（分析）→"Set Analysis Sequence"（设置分析类型）→"Flow+Warp"（流动分析+翘曲分析）。这时，分析任务窗口 Study Tasks 中显示发生变化，如图 6.7 所示。

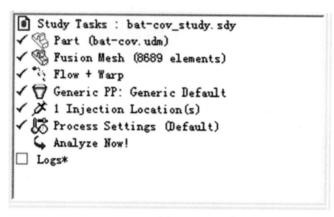

图 6.7　选择分析类型

4. 原材料的选择及材料比较

MPI 默认状态下的原材料是 PP 料（聚丙烯），一般来说，在手机面板生产中，通常采用 ABS+PC 合金料，本书的案例中，统一选取 GE Plastics（USA）公司的 ABS+PC 合金料，牌号为 Cycoloy C1200HF，如图 6.8 所示。

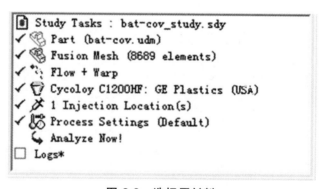

图 6.8　选择原材料

在分析任务窗口 Study Tasks 中右击"Cycoloy C1200HF：GE Plastics（USA）"，可以查看有关材料的具体信息。弹出的材料信息窗口如图 6.9 所示。具体的信息内容第 3 章已作介绍。

Thermoplastics material				? ☒

Mechanical Properties		Shrinkage Properties		Filler Properties		Optical Properties
Description	Recommended Processing		Rheological Properties		Thermal Properties	PVT Properties

Family name: BLENDS (PC+PBT, PC+ABS, ...)
Trade name: Cycoloy C2950
Manufacturer: GE Plastics (USA)
Family abbreviatio: ABS+PC
Material structure: Amorphous
Data source: Manufacturer (GE Plastics (USA)) : pvT-Supplemental : mech-Supplemental
Date last modified: MAR-01-1991
Date tested:
Data status: Non-Confidential
Material ID: 52223
Grade code: G10206
Supplier code: GEUSA
Fibers/fillers: Unfilled

Name: Cycoloy C2950 : GE Plastics (USA)

[确定] [帮助]

图 6.9　材料信息窗口

在 MPI 软件中，除了可以查看某种材料的性质信息外，还可以进行不同材料间的性质比较。在分析任务窗口 Study Tasks 中右击"Cycoloy C1200HF：GE Plastics（USA）"，在弹出的快捷菜单中选择"Compare With"命令，如图 6.10 所示。

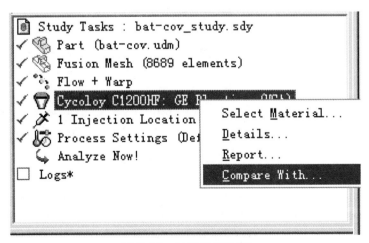

图 6.10　材料性质比较

在弹出的如图 6.11 所示的对话框中，单击"Search"按钮可以选择比较对象。这里选择"Cycoloy C2100：GE Plastics（USA）"与其进行比较，如图 6.11 所示。

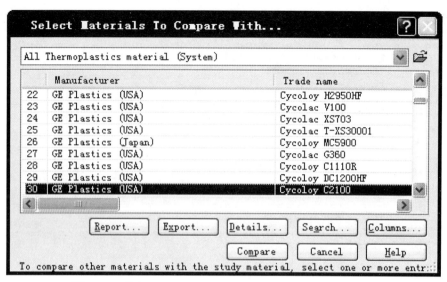

图 6.11　选择 Cycoloy C2100：GE Plastics （USA）

比较材料选中之后，单击图 6.11 中的"Compare"按钮，MPI 软件会提供两种材料的性质比较结果，如图 6.12 和 6.13 所示。

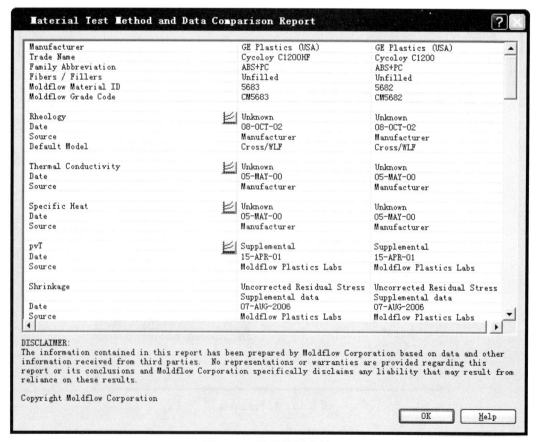

图 6.12　性质材料比较

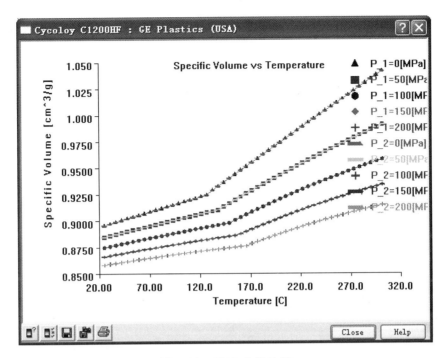

图 6.13　PVC 曲线比较

5. 设置工艺参数

根据实际生产经验，手机电池壳的初步注塑成型工艺参数设置过程如下：

（1）选择"Analysis"（分析）→"Process Settings Wizard"（工艺参数设定向导），或者直接双击任务窗口 Study Tasks 中的"Process Settings"（工艺参数设定），弹出如图 6.14 所示的对话框，显示工艺参数设置的第 1 页流动分析设置 Flow Settings。

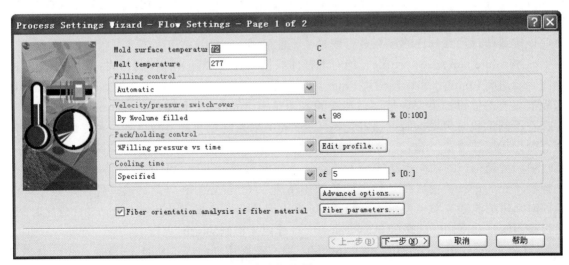

图 6.14　流动分析设置 Flow Settings

相关工艺参数主要包括：

① Mold surface temperature：模具表面温度，采用默认值 72 ℃。

② Melt temperature：料温，对于本案例是指进料口处的熔体温度，默认值为 277 ℃，对于没有浇注系统的情况，则是指熔体进入模具型腔的温度。

③ Filling control：填充控制，一共有 6 种控制方式，如图 6.15 所示。

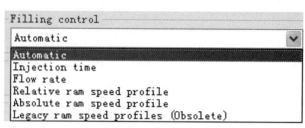

图 6.15　填充控制方式

为了精确控制熔融塑料熔体在型腔内的流动，可在以下控制选项中选择最适宜的控制方式：

a. Automatic：自动控制。就是系统根据制品的体积、壁厚、采用的进浇方式和使用的塑料材质自动控制填充的进行，以期望得到一个较佳的填充结果。项目中初始分析采用的就是 Automatic 自动控制方式。

b. Injection time：注射时间控制。可以从成型分析窗口分析中或根据以往的成型经验给出一个比较合理的控制时间。

c. Flow rate：流动速率控制。通过控制熔融塑胶在型腔内的流动速率来控制填充的进行。

d. Relative ram speed profile：相对螺杆速度曲线控制。通过控制螺杆的运动来控制填充。控制方式有两种：第一种是通过控制熔融塑胶流动速率百分比和射出体积百分比，100%射出体积表示已完成型腔的填充，0%表示填充尚未开始，这种方式可以精确控制塑胶在型腔不同部位的流动速率，从而达到避免成型缺陷和提高成型质量的目的；第二种是通过螺杆的运动速度百分比和螺杆行程百分比，螺杆在 100%行程的位置上时表示塑化已经完毕，螺杆在 0%行程的位置上时表示已经完成注塑过程，但应用此项设置不反映螺杆的背压，所以分段设置时应该按螺杆行程百分比的递减进行设置，不能后退。

e. Absolute ram speed profile：绝对螺杆曲线控制。一共有 6 种控制方式：第一种是螺杆轴向运动速度（mm/s）和螺杆位置（mm），通过控制螺杆在料筒不同位置的运动速度（mm/s）来控制填充的进行；第二种是熔融塑胶的流动速率（cm^3/m）和螺杆位置（mm），通过控制螺杆在不同位置时熔融塑胶的流动速率（cm^3/m）来控制填充的进行；第三种是螺杆最大转速百分比和螺杆位置（mm），通过控制螺杆在不同位置时的最大转速百分比来控制填充的进行；第四种是螺杆的轴向运动速度（mm/s）和时间，通过不同的时间段螺杆的速度（mm/s）在控制填充的进行；第五种是熔融塑胶的流动速率（cm^3/m）和时间，通过控制熔融塑料在不同时间段的流动速率来控制填充的进行；第六种是螺杆最高运动速度（mm/s）百分比时间，通过控制螺杆在不同时间段的最高运动速度百分比来控制填充的进行。

f. Legacy ram speed profile（Obsolete）：原有螺杆速度曲线（绝对）。设置方式可参照相对螺杆速度曲线和绝对螺杆速度曲线。

④ Velocity/pressure switch-over：注塑机由速度控制向压力控制的转换点，也就是 V/P 点的转换。

为了保证型腔的完全充满，在型腔填充末端将流速控制转为压力控制。这两种控制方式其实都是对熔融塑胶流动的控制方式。当熔体刚刚进入型腔时，暂时还未分析出填充整个型腔不同区域所需要的最高压力和填充型腔不同区域所需要的填充压力，因此就采用控制塑胶流动速度的方式，分析出塑胶在型腔不同区域接近匀速流动时需要的填充压力。当分析接近型腔末端时就可以确定出整个填充过程的最高压力。为了顺利完成剩下的这一小部分型腔的填充，同时避免制品产生过多的残余应力和在最末端出现缩水，这时就可以将控制方式改为注射压力控制。注射压力控制一共有 9 种控制方式，如图 6.16 所示。

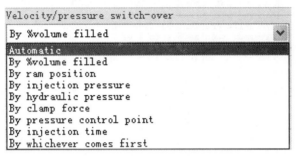

图 6.16　注射压力控制方式

a. Automatic：自动控制。系统自动控制 V/P 点。实际上也是通过控制型腔填充百分比来实现控制转换点的。转换点出现在使熔体能够在后续的压力降下填满型腔。注射时间在 V/P 转换之前是很合理的，但经过转换之后，注射压力会产生变化，由保压压力值决定，如果转换后的压力控制不当，可能出现系统对型腔剩下的这一部分填充的分析输出结果和实际成型时间相差比较大的情况。项目中初始分析采用的就是 Automatic 自动控制方式。

b. By % volume filled：由填充体积百分比控制。通过控制型腔填充体积百分比来控制 V/P 点的转换。系统默认的转换点为型腔体积的 99%，在右栏内输入一个合理的体积百分比值。这里需要提醒大家一点的是，不同制品一定要注意型腔和浇注系统的体积所占的比例。针对小型制品，有时浇注系统所占的填充比例大于型腔的比例，这时应该将 V/P 点向后推移，保证对制品型腔的填充压力足够；针对较大制品，可以将 V/P 点向前适当推移，减小型腔末端的残余应力。

c. By ram position：由螺杆位置控制。当螺杆到达料筒内预设的位置时进行 V/P 点的转换。

d. By injection pressure：由注射压力控制。系统在分析的过程中，当实际需要的注射压力达到预设的压力值时，便出现 V/P 转换。这需要提前对制品的最高注射压力做出准确的评估，以免在分析中出现短射。

e. By hydraulic pressure：由液压压力控制。通过液压系统输出的压力来设定 V/P 点的转换。当液压系统输出的压力值达到设定值时便出现 V/P 点。自液压系统输出的压力上传递到机台的注塑系统还有一定比例的损耗，所以相对的控制也就更复杂。

f. By clamp force：由锁模力控制。当模具的锁模力达到设定值时便进行转换。当实际锁模力达到预设锁模力值时便出现 V/P 转换，这需要提前对制品需要的最高锁模力做出准确的评估，才能准确控制 V/P 点转换，这相对于前几种方法难以把握。

g. By pressure control point：由压力控制点控制。当熔融塑胶流动前沿达到型腔某一点时，在那一时刻进行 V/P 转换，转换时压力值为预设值。

h. By injection time：由注射时间控制。输入一个适当的注射时间值，系统在分析过程中，当已经历的注射时间接近预设值时便进行 V/P 点转换。

i. By whichever comes first：由任一条件满足时控制，以上几种控制方式都确定后，哪一种控制方式最先实现便以哪种控制方式为准。

⑤ Pack/holding control：对制品保压阶段的设置。一共有 4 种控制方法，如图 6.17 所示。

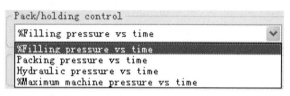

图 6.17　保压控制方式

a. %Filling pressure vs time：由填充压力与时间控制。以注射压力的百分比来确定保压压力值和保压时间。单击右侧的编辑按钮，弹出保压控制曲线位置对话框，如图 6.18 所示，在列表里分段设置保压压力和时间段。单击"Plot Profile"（绘制曲线）按钮，弹出保压压力和作用时间的 2D 坐标图。在还不能准确确定注射压力的情况下，建议读者选用以注射压力的百分比来确定注射压力值这一项，这样就可以根据注射压力确定出合适的保压压力值。不同的制品需要不同的保压段数、保压压力值和作用时间，而且这三者的作用必须协调，才能取得良好的保压效果，消除成型缺陷。

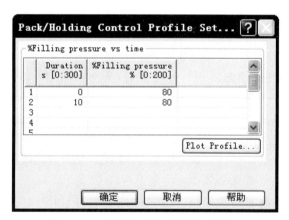

图 6.18　保压控制曲线位置对话框

b. Packing pressure vs time：由保压压力与时间控制。直接输入保压压力值和作用时间来进行保压。

c. Hydraulic pressure vs time：由液压压力与时间控制。根据液压压力值和作用时间来进行保压。

d. %Maximum machine pressure vs time：由最大注射机压力和时间控制。根据机台最高注射压力的百分比来确定保压压力值和时间。

⑥ Cooling time：冷却时间，本案例设定塑件的冷却时间为 5 s。

⑦ Advanced option：高级选项，这里主要包括一些注塑材料、注塑成型控制方法、注塑机型号、模具材料、解算器模块参数的信息，本案例选用默认值。

⑧ Fiber orientation analysis if fiber material：如果是纤维材料，则会在分析过程中进行纤维定向分析计算，相关的参数选用默认值。

（2）单击"下一步"按钮，进入第 2 页的翘曲分析设置 Warp Settings，如图 6.19 所示。

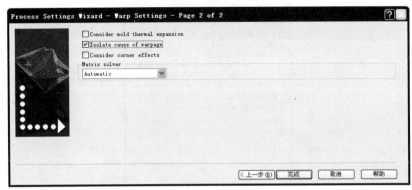

图 6.19　翘曲分析设置 Warp Settings

默认的翘曲分析类型为小变形 Small deflection 分析。相关参数主要包括：

① Consider mold thermal expansion：考虑模具热膨胀。在分析制品翘曲的时候同时考虑模具型腔的膨胀因素。

② Isolate cause of warpage：分离翘曲原因。做独立的翘曲因素分析，选择该选项将会在变形分析结果中分别列出冷却 Cooling、收缩率 Shrinkage 和分子取向 Orientation 等因素对产品变形量的贡献。

③ Consider corner effects：考虑拐角聚热对变形的影响。

④ Use iterative solver：使用迭代解算器。该项针对大型网格模型（网格数超过 50 000），可以提高计算效率，减少分析时间。

在本案例的翘曲分析设置中仅选用"Isolate cause of warpage"复选框。

6.2.2　分析计算

完成了分析前处理工作之后，即可进行分析计算，双击任务栏窗口中的"Analyze Now！"解算器开始计算。任务栏窗口显示如图 6.20 所示。

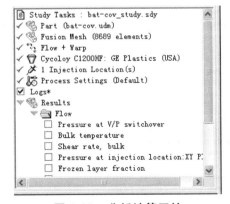

图 6.20　分析计算开始

选择"Analyze"（分析）→"Job Manager"（任务管理器）可以看到任务队列及计算进程，如图 6.21 所示。

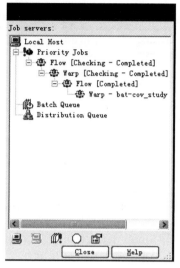

图 6.21　分析任务队列

通过分析计算的输出信息 Screen output 屏幕，可以查看到计算中的相关信息。

1. 注塑工艺过程参数设置

在 Screen output 屏幕中，有详细的工艺过程参数设置的情况，读者可以通过该信息来检查工艺过程参数设置是否有误，如图 6.22 所示。

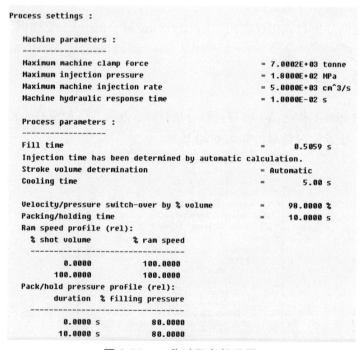

图 6.22　工艺过程参数设置

2. 填充分析过程信息

如图 6.23 所示，V/P 转换发生在型腔充模为 98%的时刻，V/P 转换时刻的压力为 113.01 MPa，转换后保压压力为 90.40 MPa。

```
Filling phase:    Status: V  = Velocity control
                          P  = Pressure control
                          V/P= Velocity/pressure switch-over

|------------------------------------------------------------|
| Time  | Volume| Pressure  | Clamp Force|Flow rate|Status |
| (s)   | (%)   | (MPa)     | (tonne)    |(cm^3/s) |       |
|------------------------------------------------------------|
| 0.03  | 4.54  |    5.77   |   0.00     | 10.36   |  V    |
| 0.05  | 9.23  |    7.47   |   0.00     | 10.28   |  V    |
| 0.08  | 13.98 |   12.64   |   0.02     | 10.31   |  V    |
| 0.10  | 18.38 |   16.06   |   0.04     | 10.15   |  V    |
| 0.13  | 22.14 |   29.19   |   0.14     |  6.88   |  V    |
| 0.15  | 26.12 |   40.56   |   0.22     | 10.54   |  V    |
| 0.18  | 30.98 |   42.98   |   0.29     | 10.66   |  V    |
| 0.20  | 35.78 |   44.92   |   0.40     | 10.68   |  V    |
| 0.23  | 40.48 |   47.04   |   0.57     | 10.69   |  V    |
| 0.25  | 45.42 |   49.40   |   0.81     | 10.69   |  V    |
| 0.28  | 50.07 |   51.74   |   1.09     | 10.71   |  V    |
| 0.30  | 54.82 |   54.43   |   1.44     | 10.72   |  V    |
| 0.33  | 59.41 |   57.17   |   1.85     | 10.73   |  V    |
| 0.35  | 64.08 |   61.04   |   2.57     | 10.71   |  V    |
| 0.38  | 68.62 |   65.32   |   3.47     | 10.72   |  V    |
| 0.41  | 73.39 |   70.20   |   4.64     | 10.75   |  V    |
| 0.43  | 77.79 |   75.12   |   5.99     | 10.78   |  V    |
| 0.46  | 82.55 |   80.86   |   7.79     | 10.81   |  V    |
| 0.48  | 86.85 |   86.34   |   9.71     | 10.85   |  V    |
| 0.51  | 91.21 |   93.32   |  12.69     | 10.88   |  V    |
| 0.53  | 95.18 |  105.34   |  19.51     | 10.88   |  V    |
| 0.55  | 98.06 |  113.01   |  23.72     | 10.74   | V/P   |
| 0.56  | 99.36 |   93.42   |  22.81     |  4.76   |  P    |
| 0.56  | 99.53 |   90.40   |  22.46     |  4.23   |  P    |
| 0.56  | 99.79 |   90.40   |  22.05     |  5.18   |  P    |
| 0.56  |100.00 |   90.40   |  22.04     |  5.14   |Filled |
```

图 6.23　填充分析过程信息

3. 保压分析过程信息

根据如图 6.24 所示的保压分析过程信息可以看出，保压持续时间为 10 s，正好跟图 6.18 中的保压参数控制曲线一致，保压完成后的 5 s 为自然冷却过程。

```
Packing phase:
|----------------------------------------------------------|
| Time  |Packing| Pressure  | Clamp Force|    Status       |
| (s)   | (%)   | (MPa)     | (tonne)    |                 |
|----------------------------------------------------------|
| 0.77  | 1.37  |   90.40   |   34.68    |      P          |
| 1.72  | 7.74  |   90.40   |   11.90    |      P          |
| 2.47  | 12.74 |   90.40   |    5.67    |      P          |
| 3.22  | 17.75 |   90.40   |    2.75    |      P          |
| 3.97  | 22.75 |   90.40   |    1.63    |      P          |
| 4.72  | 27.75 |   90.40   |    1.18    |      P          |
| 5.47  | 32.76 |   90.40   |    1.01    |      P          |
| 6.22  | 37.76 |   90.40   |    0.89    |      P          |
| 6.97  | 42.77 |   90.40   |    0.81    |      P          |
| 7.72  | 47.77 |   90.40   |    0.74    |      P          |
| 8.47  | 52.78 |   90.40   |    0.70    |      P          |
| 9.22  | 57.78 |   90.40   |    0.66    |      P          |
| 9.97  | 62.79 |   90.40   |    0.63    |      P          |
| 10.55 | 66.64 |   90.40   |    0.61    |      P          |
| 10.56 | 66.72 |    0.00   |    0.61    |      P          |
| 10.56 |       |           |            |Pressure released|
|----------------------------------------------------------|
| 11.46 | 72.71 |    0.00   |    0.59    |      P          |
| 12.21 | 77.71 |    0.00   |    0.57    |      P          |
| 12.96 | 82.71 |    0.00   |    0.56    |      P          |
| 13.71 | 87.72 |    0.00   |    0.55    |      P          |
| 14.46 | 92.72 |    0.00   |    0.54    |      P          |
| 15.21 | 97.73 |    0.00   |    0.53    |      P          |
| 15.71 |100.00 |    0.00   |    0.52    |      P          |
|----------------------------------------------------------|
```

图 6.24　保压分析过程信息

4. 翘曲分析过程信息

如图 6.25 ~ 6.27 所示，翘曲分析输出信息给出了总体变形量信息，还提供了不同因素影响下的变形量信息。

```
Minimum/maximum displacements at last step (unit: mm):


                   Node     Min.        Node     Max.
          ---------------------------------------------------
          Trans-X   4235 -2.9068e-01      544  1.5949e-01
          Trans-Y    348 -2.8133e-01     2656  3.5778e-01
          Trans-Z    810 -5.9878e-01     2400  2.9399e-01
```

图 6.25　最大/最小翘曲变形量及相应节点

```
Load Case 2: Differential Shrinkage Effect
------------------------------------------------
   2     0    0    0    810    3     0  1.0e+00  1.000e+00 -5.988e-01

Minimum/maximum displacements at last step (unit: mm):


            Node     Min.        Node     Max.
      ---------------------------------------------------
      Trans-X   4235 -2.9068e-01      544  1.5949e-01
      Trans-Y    348 -2.8133e-01     2656  3.5778e-01
      Trans-Z    810 -5.9876e-01     2400  2.9398e-01
```

图 6.26　收缩因素影响下的翘曲变形量

```
Load Case 3: Differential Orientation Effect
------------------------------------------------
   3     0    0    0    810    3     0  1.0e+00  1.000e+00  3.850e-08

Minimum/maximum displacements at last step (unit: mm):


                Node     Min.        Node     Max.
      ---------------------------------------------------
      Trans-X   4170 -2.1689e-08      730  1.0324e-08
      Trans-Y    595 -1.5348e-08     3801  9.4896e-09
      Trans-Z   4197 -8.3473e-08     2195  1.0072e-07
```

图 6.27　分子取向因素影响下的翘曲变形量

6.2.3　分析结果解析

窗口弹出 "Analysis completed"（分析完成），表示分析已完成。分析任务窗口 Study Tasks 如图 6.28 所示，接下来便是有针对性地查看相关分析结果。

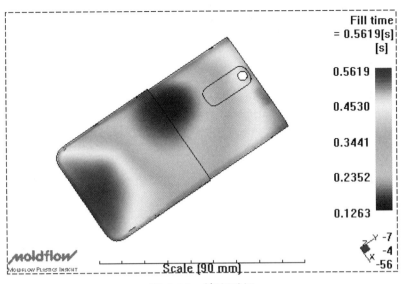

图 6.28　填充时间

1. 流动分析结果

（1）Fill time 填充时间。

根据图 6.28 可以看出，电池壳在 0.561 9 s 的时间内完成熔体的充模，没有出现短射情况。

此外，还可以设置不同的显示效果。在分析任务窗口 Study Tasks 中的 Flow 流动分析结果中选中"Fill time"，单击右键，从弹出的快捷菜单中选择"Properties"指令，如图 6.29 所示，弹出"Plot properties"（图形属性）对话框。

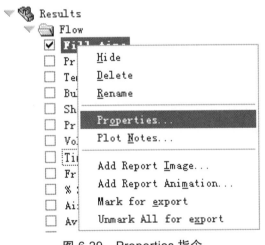

图 6.29　Properties 指令

第 1 页为"Animation"（动画）设置页面，如图 6.30 所示，在"Number of frame"（帧数）右侧的文本框设置动画显示的帧数。"Value range"（值范围）显示对应的每帧图面间隔的时间。帧数越大，每帧图面的间隔时间越长，动画的播放周期也就越长；帧数越小，每帧图面的间隔时间越短，动画的播放周期也就越短。可以利用帧数和值范围分别单独控制动画的播放。

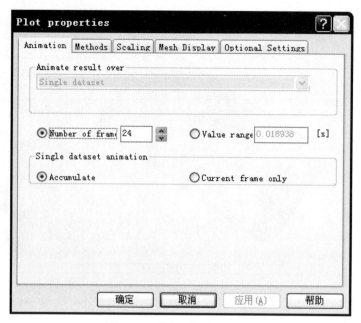

图 6.30 "动画"设置页面

单击"Methods"（方法），按钮，切换显示"Methods"（方法）设置界面，如图 6.31 所示。

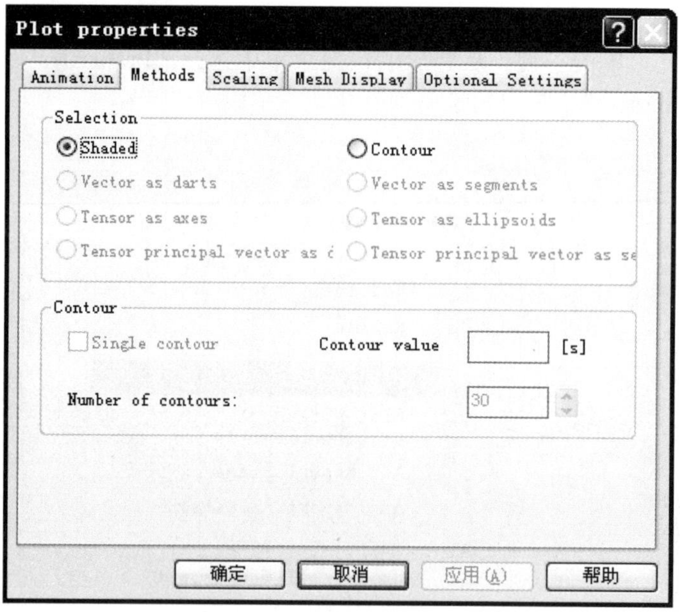

图 6.31 "方法"设置界面

选择图面显示方式，"Shaded"（阴影）为 MPI 系统默认的显示方式，可以使我们从视觉上更直观地观察熔融塑胶填充型腔的过程，如图 6.28 所示。"Contour"（等值线）意为制品上布满代表不同时刻线的封闭曲线环，如图 6.32 所示。每两根等值线的时间间隔是相等的，等值线的密度可以在"Number of contours"（等值线数量）一栏进行设置。数量越大，等值线越密集，越容易看清楚塑胶在制品细小特征处的流动状态，利用等值线更容易观察制品哪些部位可能会出现哪些流动上的问题。根据等值线排布的稀疏情况可以判断出熔融塑胶在型腔的哪些区域流速较快，哪些区域流速较慢。等值线密集的区域，表示在相同的时间内，塑胶流动得比较慢；等值线稀疏的区域，表示在这里塑胶流动得比较快。在出现短射的区域，等值线是最密集的，因为塑料熔体在容易产生短射的区域流动受阻，流速减慢，直至停止，在这一小片区域里会显示自熔融塑胶进入此区域到塑胶冷却、停止流动整个时间段的等值线。因此，在查看型腔局部的流动形态时多使用等值线。

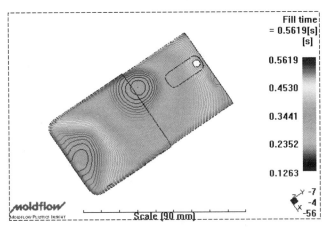

图 6.32　Fill time 的等值线显示方式

除了 Animation、Methods 图形属性外，还有 Scaling（比例）、Mesh display（网格显示）、Optional setting（选项设置）等，这里不再一一介绍，读者可以自己尝试。

（2）Pressure at V/P switchover 速度/压力切换时的压力。

如图 6.33 所示，V/P 转换点的压力为 113 MPa，根据工艺参数的设定，V/P 转换时型腔 98% 的体积被充满，未充满部分在图中也有显示。从图中可以看出，当熔融塑胶填充到深蓝色区域与灰色区域交接处时出现 V/P 转换，当前所有已填充部分，也就是已着色部分，均是在速度控制下完成的填充，灰色区域为未填充区域，也就是型腔最末端的这一部分将在压力的控制下完成填充，根据 V/P 转换点时的压力输出可以为注塑机台设置多段压力提供参考价值。

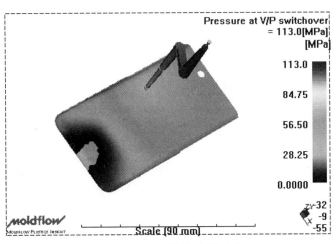

图 6.33　V/P 转换点的压力

（3）Temperature at flow front 流动前沿处的温度。

Temperature at flow front 显示了熔融塑胶流经型腔不同位置时的温度，如图 6.34 所示。

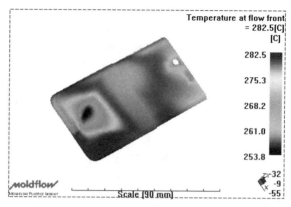

图 6.34　流动前沿处的温度

　　熔融塑胶流经较薄的区域，会因流动受阻、流速下降而加剧温度下降，如果温度下降的幅度比较大，可能会产生滞流；如果温度降到凝固点以下，就会出现短射，这里应该适当提高模温和熔体温度，提高注射压力，加快流速，增大剪切作用，增加摩擦热和剪切热，减缓塑胶的冷却。同时，也不能使塑胶分子受到过强的剪切作用，以防局部过热分解，使制品出现表面缺陷，降低制品的机械强度，缩短使用寿命，所以应使塑胶的温度一直处于"加工工艺"推荐温度范围之内。从图 6.34 右侧可以看出，最高温度为 282.5 ℃，最低温度为 253.8 ℃，在成型参数中设置的熔体温度为 277 ℃，说明塑胶在流动的过程中未出现大的温度波动和局部过热现象，填充比较顺利。

（4）Volumetric shrinkage 体积收缩率。

　　均匀的体积收缩可以避免制品出现过大的翘曲，当制品整体收缩值差异很小时，制品基本上以模具型腔放缩水值收缩，翘曲变形量非常小。制品体积收缩率和缩痕指数是相对应的，如图 6.35 所示，收缩值较大的部位容易产生缩水，为了得到比较平均的收缩值，应注意浇口填充的平衡性和制品整体冷却的均匀性，如果允许，可以修改制品局部壁厚较厚的地方。

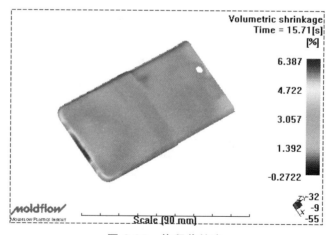

图 6.35　体积收缩率

2. 翘曲分析结果

（1）综合因素影响下的总变形。

电池壳在各种因素影响下的总变形量的图形显示结果如图6.36所示。

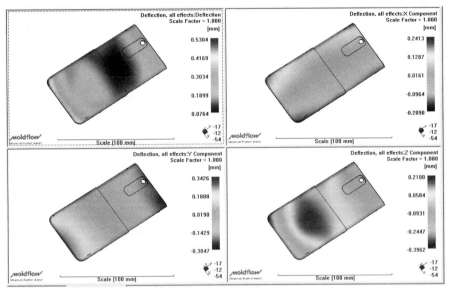

图6.36　总的翘曲变形量

从图中可以看出，综合因素影响下的产品总体变形量为0.530 4 mm，X、Y、Z 3个方向的总变形量分别为0.241 3 mm、0.342 6 mm、0.210 0 mm。

（2）冷却因素引起的变形。

电池壳在冷却因素影响下的变形量的图形显示结果如图6.37所示。

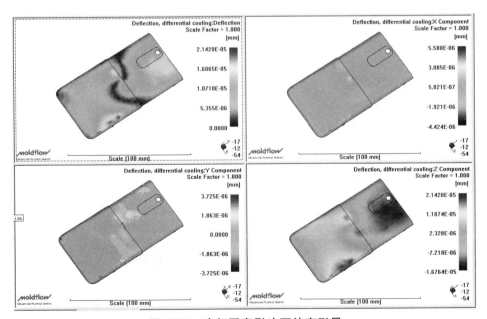

图6.37　冷却因素影响下的变形量

从图中可以看出，冷却因素影响下的产品变形量为 2.142×10^{-5} mm，这表明冷却因素不是引起变形的主要因素。

（3）收缩因素引起的变形。

电池壳在收缩因素影响下的变形量的图形显示结果如图 6.38 所示。

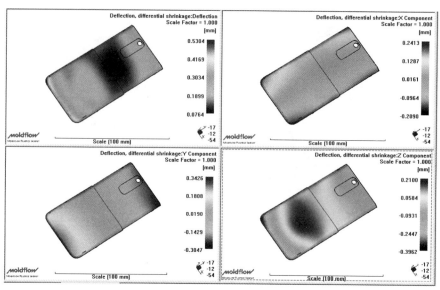

图 6.38　收缩因素影响下的变形量

从图中可以看出，收缩因素影响下的产品变形量为 0.530 4 mm，这表明收缩因素是引起变形的主要因素。

（4）分子取向因素引起的变形。

电池壳在分子取向因素影响下的变形量的图形显示结果如图 6.39 所示。

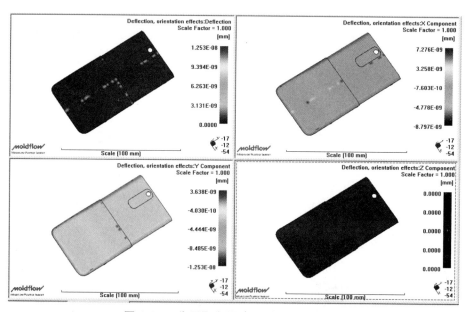

图 6.39　分子取向因素影响下的变形量

从图中可以看出，分子取向因素影响下的产品变形量为 1.253×10^{-8} mm，这表明分子取向因素不是引起变形的主要因素。

6.2.4 分析小结

经过 MPI 的模拟仿真分析，电池壳的注塑成型质量主要问题是由于收缩不均引起的翘曲变形略大。可以通过调整注塑工艺参数来改善产品的翘曲变形问题，提高成型质量。

6.3 优化注塑工艺参数后的成型分析

通过上述仿真分析可知，冷却和分子取向因素不是引起电池壳发生翘曲变形的主要因素，收缩不均才是主要因素。在其他条件，如浇注系统、原材料相同的情况下，注塑成型工艺条件的合理调整可以改善制品的成型质量。

根据实际生产经验，可以通过调整注塑成型参数中的保压曲线来改善制品的翘曲，在保压过程中，由于压实阶段时间很短（<0.1 s），该阶段熔体的温度可认为是恒定的，温度对密度的影响不用考虑，主要考虑压力的影响，即在迅速升高的压力作用下制品密度变大而使补料得以进行。在 MPI 系统中，可以适当调整产品成型过程后期的保压曲线，希望通过保压曲线的改变，以达到补缩的目的，从而改善由于熔体收缩造成的产品翘曲变形。

6.3.1 分析前处理

为了调整注塑成型工艺参数，分析前处理主要包括以下两个内容：

1. 初步分析模型的复制

以初步成型分析模型（bat-cov_study）为原始模型，复制基本的分析模型。

在项目管理窗口（Project View）已经完成的初步成型分析方案的分析模型 bat-cov_study 处单击右键，在弹出的快捷菜单中选择如图 6.40 所示中的"Duplicate"（复制）指令，完成初步方案的复制操作。如图 6.41 所示，生成了新的分析模型 bat-cov_study（copy），并把它重新命令为 bat-cov_study（optimization），如图 6.42 所示。

图 6.40　Duplicate（复制）指令

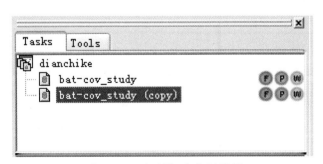

图 6.41　复制初步分析模型

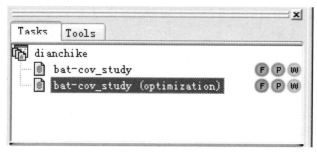

图 6.42　重命名新的分析模型

2. 注塑工艺参数的调整

在分析任务窗口 Study Tasks 中，双击"Process Setting"（工艺参数设定），弹出如图 6.43 所示的对话框。

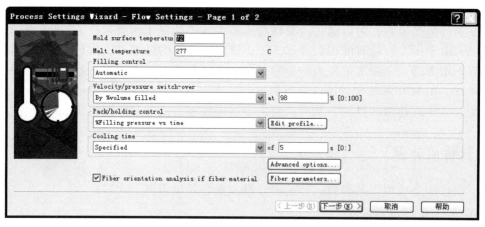

图 6.43　流动分析参数设置

单击"Pack/holding control"（保压及压力控制）选项中的"Edit profile"（编辑曲线），弹出如图 6.44 所示的对话框。

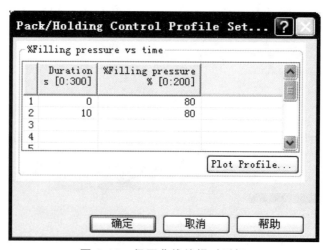

图 6.44　保压曲线编辑对话框

根据实际的注塑生产经验，成型工艺条件的保压曲线按图 6.45 进行调整，曲线如图 6.46 所示。单击"确定"完成注塑工艺参数的调整。

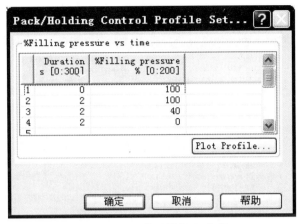

图 6.45　调整后的保压参数

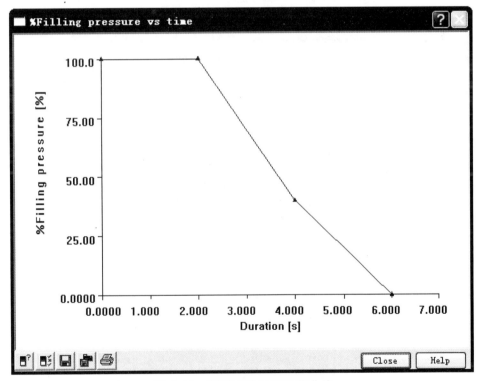

图 6.46　调整后的保压工艺曲线

6.3.2　分析计算

完成了保压工艺参数的调整之后，即可进行分析计算，双击任务栏窗口中的"Analyze Now!"解算器开始计算。通过 Logs（分析日志）可以查看相关的分析信息。

1. 保压工艺参数设置

分析完成后，可以看到保压曲线参数有了明显的变化，如图 6.47 所示，和图 6.45 中的数据一一对应。

```
Process parameters :
--------------------
Fill time                                        =       0.5059 s
Injection time has been determined by automatic calculation.
Stroke volume determination                      = Automatic
Cooling time                                     =       5.00 s

Velocity/pressure switch-over by % volume        =      98.0000 %
Packing/holding time                             =       6.0000 s
Ram speed profile (rel):
    % shot volume        % ram speed
    -------------------------------
        0.0000          100.0000
      100.0000          100.0000
Pack/hold pressure profile (rel):
    duration  % filling pressure
    -------------------------------
        0.0000 s        100.0000
        2.0000 s        100.0000
        2.0000 s         40.0000
        2.0000 s          0.0000
        5.0000 s          0.0000
Ambient temperature                              =      25.0000 C
Melt temperature                                 =     277.0000 C
Ideal cavity-side mold temperature               =      72.0000 C
Ideal core-side mold temperature                 =      72.0000 C
```

图 6.47　保压工艺参数设置

2. 填充分析过程信息

如图 6.48 所示，V/P 转换发生在型腔充模为 98%的时刻，V/P 转换时刻的压力为 113.01 MPa，转换后保压压力为 113.01 MPa。

```
Filling phase:    Status: V = Velocity control
                          P = Pressure control
                          V/P= Velocity/pressure switch-over
|--------------------------------------------------------------|
| Time  | Volume| Pressure | Clamp force|Flow rate|Status |
| (s)   | (%)   | (MPa)    | (tonne)    |(cm^3/s) |       |
|--------------------------------------------------------------|
| 0.03  | 4.54  |    5.77  |    0.00    | 10.36   |  V    |
| 0.05  | 9.23  |    7.47  |    0.00    | 10.28   |  V    |
| 0.08  | 13.98 |   12.64  |    0.02    | 10.31   |  V    |
| 0.10  | 18.38 |   16.06  |    0.04    | 10.15   |  V    |
| 0.13  | 22.14 |   29.19  |    0.14    |  6.88   |  V    |
| 0.15  | 26.12 |   40.56  |    0.22    | 10.54   |  V    |
| 0.18  | 30.98 |   42.98  |    0.29    | 10.66   |  V    |
| 0.20  | 35.78 |   44.92  |    0.40    | 10.68   |  V    |
| 0.23  | 40.48 |   47.04  |    0.57    | 10.69   |  V    |
| 0.25  | 45.42 |   49.40  |    0.81    | 10.69   |  V    |
| 0.28  | 50.07 |   51.74  |    1.09    | 10.71   |  V    |
| 0.30  | 54.82 |   54.43  |    1.44    | 10.72   |  V    |
| 0.33  | 59.41 |   57.17  |    1.85    | 10.73   |  V    |
| 0.35  | 64.08 |   61.04  |    2.57    | 10.71   |  V    |
| 0.38  | 68.62 |   65.32  |    3.47    | 10.72   |  V    |
| 0.41  | 73.39 |   70.20  |    4.64    | 10.75   |  V    |
| 0.43  | 77.79 |   75.12  |    5.99    | 10.78   |  V    |
| 0.46  | 82.55 |   80.86  |    7.79    | 10.81   |  V    |
| 0.48  | 86.85 |   86.34  |    9.71    | 10.85   |  V    |
| 0.51  | 91.21 |   93.32  |   12.69    | 10.88   |  V    |
| 0.53  | 95.18 |  105.34  |   19.51    | 10.88   |  V    |
| 0.55  | 98.06 |  113.01  |   23.72    | 10.74   | V/P   |
| 0.56  | 99.37 |  113.01  |   24.89    | 10.11   |  P    |
| 0.56  | 99.77 |  113.01  |   25.27    |  9.89   |  P    |
| 0.56  |100.00 |  113.01  |   25.34    |  9.85   |Filled |
|--------------------------------------------------------------|
```

图 6.48　填充分析信息

3. 保压分析信息

如图 6.49 所示，与之前的成型分析比较，转换后保压压力 113.01 MPa，维持了 2 s，之后线性下降，共用了 6 s 保压时间，而初步成型分析的保压时间为 10 s，冷却时间依然为 5 s。

```
Packing phase:

|-------------------------------------------------------------------|
| Time  |Packing| Pressure  | Clamp force|     Status     |
| (s)   | (%)   |  (MPa)    | (tonne)  |                |
|-------------------------------------------------------------------|
|  0.56 |  0.00 |  113.01   |   25.46  |      P         |
|  1.22 |  6.00 |  113.01   |   34.93  |      P         |
|  1.72 | 10.55 |  113.01   |   23.10  |      P         |
|  2.22 | 15.10 |  113.01   |   15.90  |      P         |
|  2.75 | 19.96 |  106.07   |   11.11  |      P         |
|  3.46 | 26.38 |   82.18   |    7.92  |      P         |
|  3.96 | 30.93 |   65.22   |    6.63  |      P         |
|  4.46 | 35.48 |   48.27   |    5.74  |      P         |
|  4.55 | 36.30 |   45.20   |    5.59  |      P         |
|  4.96 | 40.03 |   35.95   |    5.09  |      P         |
|  5.71 | 46.85 |   19.00   |    4.46  |      P         |
|  6.21 | 51.40 |    7.70   |    4.18  |      P         |
|  6.71 | 55.95 |    0.00   |    3.97  |      P         |
|  6.71 |       |           |          |Pressure released|
|-------------------------------------------------------------------|
|  7.21 | 60.50 |    0.00   |    3.82  |      P         |
|  7.71 | 65.05 |    0.00   |    3.70  |      P         |
|  8.46 | 71.88 |    0.00   |    3.58  |      P         |
|  8.96 | 76.43 |    0.00   |    3.53  |      P         |
|  9.46 | 80.98 |    0.00   |    3.49  |      P         |
|  9.96 | 85.53 |    0.00   |    3.47  |      P         |
| 10.46 | 90.08 |    0.00   |    3.45  |      P         |
| 11.21 | 96.90 |    0.00   |    3.43  |      P         |
| 11.71 |100.00 |    0.00   |    3.42  |      P         |
 -------------------------------------------------------------------
```

图 6.49　保压冷却分析信息

4. 翘曲分析信息

调整保压工艺参数后的翘曲分析信息如图 6.50 所示，可以看出，电池壳的变形明显有所减小。

```
---------------------------------------------------------------------
Kstep Kstra Nref Nite  Node  Ipos Negpv  Detk     Rfac    Displacement
---------------------------------------------------------------------
  1     1    1    0    810    3    0   1.0e+00  1.000e+00 -4.513e-01

Minimum/maximum displacements at last step (unit: mm):

            Node    Min.         Node    Max.
---------------------------------------------------------------------
Trans-X    4235  -2.0782e-01     544   1.3504e-01
Trans-Y    3983  -1.8988e-01    2656   2.4365e-01
Trans-Z     810  -4.5134e-01    2473   2.3850e-01
```

图 6.50　总的翘曲变形量

6.3.3 分析结果解析

1.流动分析结果

（1）Fill time 填充时间。

从图 6.51 中可以看出，电池壳在 0.559 6 s 的时间内完成熔体的充模，依然没有出现短射情况。

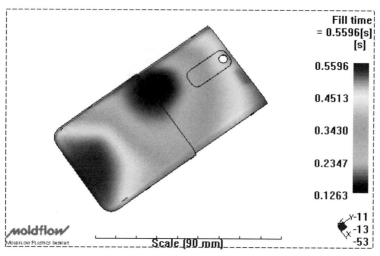

图 6.51　填充时间

（2）Pressure at V/P switchover 速度/压力切换时的压力。

如图 6.52 所示，V/P 转换点的压力为 113 MPa，保压工艺参数的调整对其没有影响。

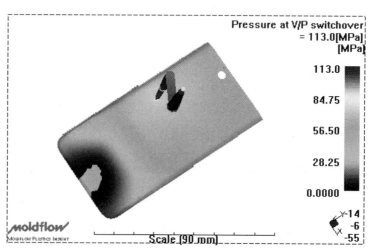

图 6.52　V/P 转换点压力

（3）Temperature at flow front 流动前沿处的温度。

从图 6.53 的右侧可以看出，最高温度依然为 282.5 ℃，最低温度为 253.8 ℃，说明工艺参数的调整对其没有影响。

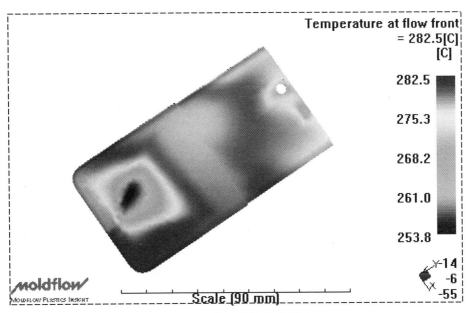

图 6.53　流动前沿处的温度

（4）Volumetric shrinkage 体积收缩率。

如图 6.54 所示，与初步的成型分析结果比较，调整保压工艺参数，电池壳的收缩率明显增大，这主要是由于提高了保压压力所引起的。

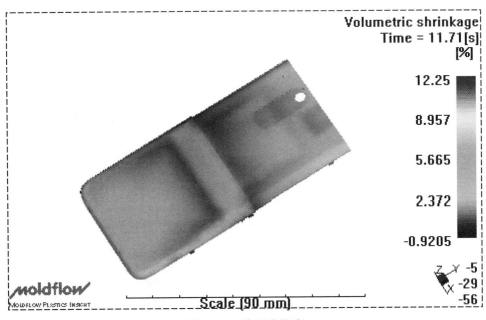

图 6.54　体积收缩率

2．翘曲分析结果

（1）综合因素影响下的总变形。

保压工艺参数调整后，电池壳在各种因素影响下的总翘曲变形量如图 6.55 所示。

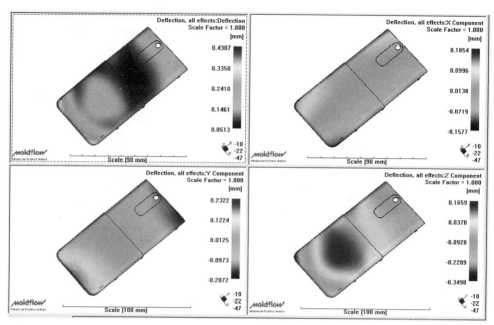

图 6.55　总翘曲变形量

从图 6.55 中可以看出，与图 6.36 比较，工艺参数调整前后，综合因素影响下的总翘曲变形量从 0.530 4 mm 下降到 0.430 7 mm，X、Y、Z 3 个方向的总翘曲变形量分别下降为 0.185 4 mm、0.232 2 mm、0.165 9 mm，说明保压曲线的调整对于制品的翘曲变形有了明显的改善，提高了制品的成型质量。

（2）冷却因素引起的变形量。

保压工艺参数调整后，电池壳在冷却因素影响下的翘曲变形量如图 6.56 所示。

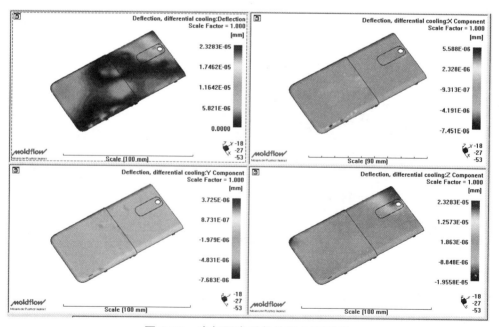

图 6.56　冷却因素引起的翘曲变形量

从图 6.56 中可以看出，保压工艺参数调整后，冷却因素引起的变形量为 $2.328\,3 \times 10^{-5}$ mm，说明冷却因素仍然不是导致制品发生翘曲变形的主要因素。

（3）收缩因素引起的变形量。

保压工艺参数调整后，电池壳在收缩因素影响下的翘曲变形量如图 6.57 所示。

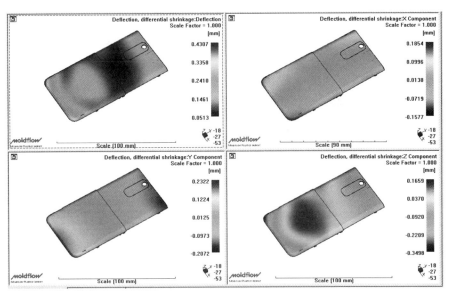

图 6.57　收缩因素影响下的翘曲变形量

从图 6.57 中可以看出，收缩因素引起的翘曲变形量为 $0.430\,7$ mm，因此收缩不均是导致制品发生翘曲变形的主要原因。与保压曲线调整前相比，翘曲量有了明显改善。

（4）分子取向因素引起的变形量。

保压工艺参数调整后，电池壳在分子取向因素影响下的翘曲变形量如图 6.58 所示。

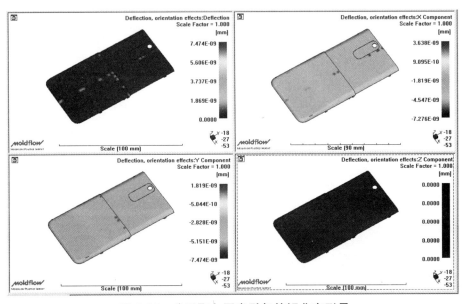

图 6.58　分子取向因素引起的翘曲变形量

从图 6.58 中可以看出,保压工艺参数调整后,分子取向因素引起的变形量为 7.474×10^{-9} mm, 说明分子取向因素仍然不是导致制品发生翘曲变形的主要因素。

因此,通过注塑工艺参数的调整,电池壳的翘曲变形量得到了明显的改善,提高了成型质量,这充分表明保压工艺参数的调整是有效、合理的。

【本章小结】

本章阐述了注塑成型工艺参数,以翻盖手机电池壳为分析实例,详细介绍了 MPI 系统中注塑工艺参数的设置情况,通过模拟分析,介绍了工艺参数的调整方法,优化了工艺条件,提高了制品的成型质量。通过本章学习,能够掌握以下内容:

（1）掌握保压曲线的调整方法和使用技巧。

（2）掌握利用调整工艺参数的方法来改善产品的成型质量。

参考文献

[1] 屈华昌. 塑料成型工艺与模具设计[M]. 北京：机械工业出版社，2008.

[2] 王刚，单岩. Moldflow 模具分析应用实例[M]. 北京：清华大学出版社，2005.

[3] 陈智勇. Moldflow6.1 注塑成型从入门到精通[M]. 北京：电子工业出版社，2009.

[4] 陈艳霞，陈如香，吴盛金. Moldflow 2010 完全自学与速查手册（模流分析·成本控制）
[M]. 北京：电子工业出版社，2010.

[5] 谢鹏程. 高分子材料注射成型 CAE 理论及应用[M]. 北京：化学工业出版社，2010.